中国规模化奶牛场关键生产性能现状

（2024版）

王 晶 马志愤 路永强 郭江鹏 等 著

草地农业智库

《中国乳业》杂志社

家畜产业技术体系北京市创新团队

吉林大学动物科学学院

中国农业科学院农业信息研究所

中国农业科学院北京畜牧兽医研究所

兰州大学草业系统分析与社会发展研究所

北京乡村振兴研究基地

北京农学院经济管理学院

联合发布

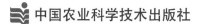

中国农业科学技术出版社

图书在版编目（CIP）数据

中国规模化奶牛场关键生产性能现状：2024 版 / 王晶

等著 . -- 北京：中国农业科学技术出版社，2024.

12. -- ISBN 978-7-5116-7152-3

Ⅰ . S823.9

中国国家版本馆 CIP 数据核字第 2024U53Z99 号

审图号：GS 京（2024）2602 号

项目支持：北京乡村振兴研究基地 2024 年开放课题（KFKT-2024017）

责任编辑　李冠桥

责任校对　王　彦

责任印制　姜义伟　王思文

出 版 者	中国农业科学技术出版社
	北京市中关村南大街 12 号　　邮编：100081
电　　话	（010）82106632（编辑室）　　（010）82106624（发行部）
	（010）82109709（读者服务部）
网　　址	https:// castp.caas.cn
经 销 者	各地新华书店
印 刷 者	北京地大彩印有限公司
开　　本	170 mm × 240 mm　1/16
印　　张	11.75
字　　数	150 千字
版　　次	2024 年 12 月第 1 版　　2024 年 12 月第 1 次印刷
定　　价	98.00 元

《中国规模化奶牛场关键生产性能现状（2024版）》

—— 编 委 会 ——

◆ **名誉顾问**

任继周　中国工程院　院士

　　　　兰州大学草地农业科技学院　教授

◆ **顾　　问**

辛国昌　农业农村部畜牧兽医局　副局长

卫　琳　农业农村部畜牧兽医局奶业处　处长

于福清　全国畜牧总站统计信息处　处长

张利宇　全国畜牧总站牧业绿色发展处　处长

刘　杰　全国畜牧总站统计信息处　副处长

李胜利　中国农业大学　教授/国家奶牛产业技术体系　首席科学家

林慧龙　兰州大学　教授/草业系统分析与社会发展研究所　所长

毛华明　云南农业大学动物科学技术学院　教授

毛胜勇　南京农业大学动物科技学院　教授/院长

田冰川　农业农村部科技创新战略咨询委员会　委员

　　　　华智生物技术有限公司　董事长兼总裁

屠　焰　中国农业科学院饲料研究所　研究员

熊本海　中国农业科学院北京畜牧兽医研究所　研究员

岳奎忠　东北农业大学健康养殖研究院反刍动物研究所　研究员/所长

张学炜　天津农学院　教授

张永根　东北农业大学　教授/黑龙江省奶牛协同创新与推广体系

　　　　首席科学家

张永久　中国飞鹤　副总裁/原生态牧业　总经理

张建全　雀巢（中国）有限公司　奶品农业服务经理

朱化彬　中国农业科学院北京畜牧兽医研究所　研究员

陈　亮　宁夏回族自治区畜牧工作站　正高级畜牧师

封　元　宁夏回族自治区畜牧工作站　正高级畜牧师

韩春林　现代牧业（集团）有限公司　副总裁

李锡智　云南海牧牧业有限公司　总经理

马志超　甘肃前进牧业科技有限责任公司　执行董事

秦春雷　甘肃农垦天牧乳业有限公司　董事长

苏　昊　北京东石北美牧场科技有限公司　执行总裁

王先胜　中垦乳业股份有限公司牧场事业部　总经理

赵六一　云南大理鹤庆县畜牧工作站　高级畜牧师

《中国规模化奶牛场关键生产性能现状（2024版）》
———— 著者名单 ————

◆ 主 著

王 晶　《中国乳业》杂志社　执行社长
马志愤　一牧科技（北京）有限公司　首席执行官（CEO）
路永强　家畜产业技术体系北京市创新团队　首席专家/推广研究员
郭江鹏　北京市畜牧总站　正高级畜牧师

◆ 副主著

董 飞　一牧科技（北京）有限公司　首席技术官（CTO）
徐 伟　一牧科技（北京）有限公司　高级数据分析师
李纯锦　吉林大学动物科学学院　教授
代 辛　中国农业科学院农业信息研究所　副所长
杨宇泽　北京市畜牧总站　正高级畜牧师
赵慧秋　河北省畜牧总站　推广研究员

◆ 著 者（按姓氏笔画排序）

马志愤	马宝西	马修国	王 俊	王 晶	王乐鹏	王兴文	王金山
王礞礞	田 园	田 瑜	付 瑶	付士龙	代 辛	任 康	刘 永
刘云鹏	刘亚钊	刘海涛	齐志国	安添午	芦海强	李 冉	李 琦
李志佳	李纯锦	李凯扬	杨 卓	杨宇泽	杨奉珠	何 杰	邹德武
汪 诚	汪 毅	汪春泉	张 炜	张 超	张夫千	张国宁	张宝锋
张建伟	张强强	张瑞梅	张赛赛	陈 阳	陈少康	陈丝雨	罗清华
金银姬	周奎良	周鑫宇	赵志成	赵善江	赵慧秋	郝洋洋	胡海萍
郜溪溪	姜兴刚	祝文琪	胥 刚	耿飞轩	聂长青	徐 伟	徐天乐
高 然	高世杰	郭江鹏	郭勇庆	脱征军	彭 华	董 飞	董晓霞
韩 萌	程柏丛	路永强	蔡 丽	樊 锐	樊富慧	薛宇恒	魏 阳

序 言

奶牛是草地农业第二生产层中的"栋梁"，它利用饲草转化为人类所需动物源性食物的效率居各类草食动物之首，质高、量大、经济效益高。奶牛产业是带动现代草地农业发展的主要动力源泉之一。缺乏奶牛的现代化草地农业是不可想象的。

牛奶及奶制品以其营养全面、品味丰美以及供应普遍，为人类健康作出了不可替代的贡献。缺乏牛奶和奶制品的现代化社会也是不可想象的。

上面这两句话，强调了奶牛和牛奶的重要性。但奶牛和牛奶的重要意义远不止于此。奶牛通过对草地的高效利用，支撑了从远古农业到今天的现代化农业的全面发展。牛奶通过它的高营养价值供应了人类从远古到今天现代化的食物类群。奶牛和牛奶将自然资源与社会发展综合为人类历史发展的"擎天巨柱"。

20世纪80年代，我国牛奶的消费量仅与白酒相当，约700万吨，说来令人羞愧，这是可怜的原始农业状态。改革开放以后，随着我国人民饮食结构的变化，牛奶的需求量猛增，而产量因多种原因徘徊不前，曾给世界奶业市场造成巨大压力，甚至发生扰动。至今我国牛奶人均消费量仍只有日本和韩国的1/3，约为欧美人均消费量的1/5，今后随着人民生活水平的不断提高和城镇化持续发展，我国牛奶供需矛盾势必不断增大。

尽管近年来我国奶业工作者通过不懈努力取得了巨大进展和成果，但总体来看与欧美等奶业先进国家相比还有差距。

现状如何，差距何在？马志愤等同志组建的一牧科技团队多年来从现代草地农业的信息维出发，利用互联网、云计算、物联网、大数据和人工智能等新兴技术构建草地农业智库系统，帮助牧场实现信息化升级，及时发现问题，提出优化建议，提升牧场可持续盈利能力和国际竞争力，为牧场的科学管理和发展作出新贡献，将我国规模化牧场的数字化管理提高到世界水平。此书今后将每年更新出版发行一版，是记录和体现我国现代化牧场数字化管理的试水之作。此书的出版是我国数字科技推动奶业发展的过程和成果，对规模化牧场经营管理具有重要的参考意义。

此书的出版不仅反映了牧场信息化科技成果的时代烙印，更重要的是让我们了解中国规模化牧场生产现状，全行业坚持不懈的努力，将有助于改善我国农业产业结构和保障食品安全，为提高人民健康水平提供实实在在的帮助。

书成，邀我作序，我欣然命笔。

任继周于涵虚草舍

2020年仲秋

前　言

　　党的二十大作出以中国式现代化全面推进中华民族伟大复兴，加快建设网络强国、数字中国，全面推进乡村振兴、加快建设农业强国等重大战略部署。发展智慧农业、建设数字乡村是驱动农业农村现代化、推进乡村全面振兴的必然趋势。2023年中央一号文件提出要加快农业农村大数据应用，推进智慧农业发展。运用现代信息技术，在经济社会的各个领域，广泛获取数据、科学处理数据、充分利用数据，优化政府治理与产业布局，形成"用数据说话、用数据决策、用数据服务、用数据创新"的现代社会经济治理的趋势和新生态，是数字政府建设推进国家治理现代化的重要途径。

　　畜牧业现代化是农业农村现代化的重要内容，也是加快建设农业强国的必然要求。加快推进畜牧产业经济与数字化、智能化深度融合，是实现畜牧业高质量发展的有力支撑。物联网、大数据、区块链、人工智能等现代信息技术在农业领域的应用正在颠覆传统农业产业，推动农业全产业链的理念重塑和流程再造。大数据驱动的知识决策替代人工经验决策、知识决策主导的智能控制替代简单的时序控制，从育种到产品销售的整个产业链将得到广泛应用。物联网技术、人工智能技术以及大数平台应用在提高生产效益、保障产品质量、保障生产安全方面的作用日益凸显。

　　奶业的持续健康发展需要互联网和大数据的支持。牧场经营者解决发展过程中遇到的瓶颈问题，必须要学会拥抱互联科技和大数据技术，积极培育用"互联网+"思维武装的人才队伍，培养具备现代信息理念、掌握现代信息技术的高素质养牛人，践行用数据说话、让数字产生经济效益的牧场管理新模式。

基于上述背景，一牧云（YIMUCloud）、家畜产业技术体系北京市创新团队、《中国乳业》杂志社和兰州大学草业系统分析与社会发展研究所自2020年起开始协作，以一牧云服务全国的牧场关键生产性能数据为基础，持续开展牧场数据管理分析研究，并将最新成果呈现给广大读者，以期为奶牛养殖者、奶业科研人员、行业主管部门及其他相关人士提供来自生产一线的客观数据，同时记录中国规模化奶牛场发展的点滴进步，谨望能为中国奶业可持续发展贡献绵薄之力。

2023年，中国规模化奶牛场生产水平持续提高，成母牛平均单产迈入13吨以上的规模牧场达60多家，其中既有集团型牧场，也有私营牧场；既有存栏万头以上的牧场，也有存栏不足千头的中小牧场；更为可喜的是，如此的高产并非全部是通过高淘汰换来的。这些成果，标志着2023年中国规模化奶牛场牧场经营与生产水平迈上了新的台阶。

本版从牧场生产实践入手，以一牧云当前服务的分布在全国25个省（自治区、直辖市）397家奶牛场1 338 000头奶牛的实际生产数据为基础，对成母牛关键繁育性能、健康关键生产性能、产奶关键生产性能，后备牛关键繁育性能、犊牛关键生产性能等40多个生产性能关键指标进行了系统分析，同时用4个专题抛砖引玉，力求以最真实的数据为产业发展提供借鉴和参考。

规模化奶牛场关键生产性能是一个复杂的命题，本书虽经反复推敲、修改，但也难免有疏漏或不妥之处，诚恳希望同行和读者批评指正，以便今后在新版中加以更正和改进。

《中国规模化奶牛场关键生产性能现状》编委会

2024年10月23日

目 录

图表目录

第一章 绪 论

第一节 数字农业是迈向农业强国的必经之路

农业作为国之基、生之源、民之本的基础性产业，正在由传统的机械化农业（农业3.0）向以数字要素为基础的智慧农业（农业4.0）迈进，开启数字农业新篇章。世界范围内，以农业互联网、农业大数据、精准农业、智慧农业、人工智能五大核心板块为代表的数字农业技术已经被广泛用于农业领域且发展迅速，与此同时，发达国家还在数字农业上进行了大量投资，如英国政府"产业战略挑战基金"将人工智能和数据作为4个挑战领域之一，计划聚焦于精准农业。鉴于数字农业的广阔前景，美国麦肯锡公司（McKinsey & Company）最新报告指出，如果在农业中实现互联互通，到2030年全球GDP将增加5 000亿美元的额外价值[①]。尽管数字农业在经济效率方面具有较高的潜力，但技术本身不能解决全球粮食安全问题，而且小农经营还可能因为难以承受数字技术的大额投资而陷入困境（钟文晶等，2021；董燕等，2021）。

随着发达国家将数字农业作为构筑农业现代化发展产业优势的方向，积极推进数字科技与农业发展的融合，推进农业数

[①] 麦肯锡报告：https://futurism.com/artificial-intelligence-benefits-select-few。

字化转型，可预期的是，数字农业将成为农业生产系统、农村经济、农民生活转型发展的重大机遇，也将成为我国由农业大国迈向农业强国的必经之路。20世纪末以来，我国日益重视数字农业发展，陆续出台相关政策措施，《中共中央 国务院关于全面推进乡村振兴加快农业农村现代化的意见》《数字乡村发展战略纲要》，以及2020—2023年连续4年的中央一号文件均明确提出开展数字乡村试点，实施数字乡村发展建设工程，推动数字技术与农业生产经营等方面的融合。我国数字农业逐步从顶层规划走向实践落地。大力发展数字农业，成为我国推动乡村振兴、建设数字中国的重要组成部分。

我国发展数字农业正逢其时，呈现出巨大的发展潜力和广阔的应用前景。根据中国互联网络信息中心（CNNIC）发布的第51次《中国互联网络发展状况统计报告》，截至2022年12月，农村地区互联网普及率为58.8%，农村网民规模达到3.08亿人，占整体网民的28.9%，具有较大提升空间。同时，农业数字经济与制造业、服务业等行业相比，还是一片洼地，中国信息通信研究院发布的《中国数字经济发展研究报告（2023年）》显示，2022年中国农业数字经济仅占农业增加值的10.5%，远低于工业24.0%、服务业44.7%的水平，具有巨大的发展潜力。数字技术的应用将加速对传统农业各领域各环节全方位、全角度、全链条的数字化改造，提高全要素生产率，为农村经济社会高质量发展增添新动能，并通过更精准化种养、更精确的产需对接，推动农业绿色可持续发展。

第二节　数字化是畜牧业高质量发展的必然趋势

新形势下，我国农业主要矛盾已由总量不足转为结构性矛盾，推动农业供给侧结构性改革，提高农业综合效益和竞争力，是实现农业现代化的一个重要任务。作为农业和农村经济重要组成部分，中国畜牧业发展在"双循环"战略格局下面临新的要求，需要利用现代信息技术进行转型升级，实现由传统向现代、由粗放到精细、由低效到高效的高质量发展。畜牧业发展到了新的转型升级的节点，适度规模化、标准化是大势所趋，科学养殖是发展必然，从群体的粗放式管理逐渐转为个体的精细化、及时化管理，以减少饲料浪费，提高转化效率，让有限的畜禽生产更多的肉蛋奶，实现畜牧业全链条的智能化、数字化，走高质量可持续发展道路[①]。以物联网、云计算、大数据及人工智能为代表的新一轮信息技术革命为畜牧业由粗放式传统畜禽养殖向知识型、技术型的数字化畜牧业转变提供了契机（夏雪等，2020）。

畜牧业数字化是将畜牧生产过程中的饲喂、环控、穿戴、监测、称重等人为操作，用一系列相应的自动化硬件设备来替代，之后通过动物信息传感器、设施设备传感器、环境系数传感器等持续采集数据并上传到管理软件进行存储、监测和分析，逐渐形成产业互联网系统，以指导生产，提高效能。当前我国畜禽养殖在环境监测、个体身份标识、精准饲喂等信息技术方面应用较为成熟（邹岚等，2021）。利用环境系数传感器对畜禽养殖环境涉及温度、湿度、氨气、硫化氢等环境因子进行监测，以保证合理的生产条件；个体身份标识从传统的耳标、项圈等逐步向面部识别、虹膜识别、姿态识别等视觉感知技术和生物技术识别延伸，使畜禽个体健康档案的建立和生命状态的跟踪预警变得更加智能，而且这种识别技术发展为畜禽精准饲喂奠定了坚实基础。但

---

① 畜牧业数智化在乡村振兴战略中的定位、功能及贡献——中国畜牧业协会副秘书长刘强德访谈（caaa.com.cn）。

是，我国畜禽养殖主要以产量提高为重，对动物福利和高品质生产的重视不足，福利化养殖技术及评价体系才刚刚起步。

数字化对中国畜牧业既是机遇，也是挑战。2019年、2020年面对非洲猪瘟和新冠疫情的冲击，人们工作和生活突然停摆，许多畜禽养殖户现金流短缺，养殖成本增加，销售受阻，再加上近年来畜牧业数字化加速推进，数字化转型热潮让更多的畜禽养殖户在技术认知、发展决策等方面陷入困境，影响企业的生存和行业的健康发展。然而，当很多畜禽养殖户对数字化生产快速跟进，让数智系统成为一种全新的生产工具时，更多的智能设备和信息系统被用于生产，对畜禽养殖方式、养殖规模甚至组织方式都带来了巨大变革。面对新冠疫情和非洲猪瘟，大数据、人工智能和物联网技术在减少人畜接触、保证畜禽安全管控、保持全产业链健康运行方面发挥了不可替代的作用，对提升企业竞争力和更快融入数字化时代具有重要意义。同时，随着我国畜禽养殖规模化、标准化、集约化比重的快速提高，自动饲喂、环境控制、废弃物处理等智能设备的补贴范围不断扩大，为实现环境保护、畜禽健康养殖、畜牧产业可持续发展的现代化目标，畜牧业数字化是必然趋势（李保明等，2021）。

第三节　数字化是奶业持续健康发展的必然选择

畜牧业现代化发展进程中，奶牛、生猪和家禽养殖要率先基本实现现代化，数字技术、智能控制系统的使用是重中之重，奶牛养殖规模化、标准化的推进，为发展数字化奶业奠定了坚实基础。奶业数字化是以奶牛养殖为中心，以计算机技术、质量管理技术、统计技术为基础，以生产安全、高质的乳制品为目标，软硬件高度结合的一项工程。2022年，我国奶牛养殖规模化比例达到72%，规模化奶牛单产达到9.2吨，较2008年分别增长了91个百分点和4.4吨，随着牛群规模越来越大，市场竞争越来越激烈，用传统方式提高生产潜力已非易事（冯启等，2013）。数字化发展就是结合传统养殖方式与现代科技，通过数字信息来提高宏观分析、决策与调控的科学性，让生产的每一杯奶都有来自包括牧场、生产端、物流端直至消费者端的全产业链条数字化信息支撑，不仅有利于提高企业本身管理水平，更有利于提高市场竞争力，促进奶业的可持续发展。

奶业数字化是全产业链的数字化，在生产加工端要打造牧场和工厂的互联互通，在消费端要利用大数据为业务赋能。牧场作为生产端，在精准饲喂、疾病监测、育种管理等环节应用智能系统，按照每头牛不同生长周期进行精细化分群，通过摄像头结合人工智能（AI）算法无接触式对奶牛进行体况评分，创建牧场"云管家"，为保障奶源健康安全提供科学的保障。工厂作为加工端，通过引入生产端数据，建立供应链管理数据生态圈，做到透明化生产、数据化管理和一键式追溯，实现对产品的全过程质量管控和安全保障。大数据在全过程管理中的价值进一步体现，生产方面利用完整数据信息，可以形成科学的饲养方案，实现对每一个环节的科学管理。在消费方面，通过对消费者的观察，统计消费信息，持续改进产品，建立产品与消费者之间互动关系。奶业数字化对促进奶业转型升级，实现从传统型产业发展模式逐渐升级为数字型驱动模式，保障奶业持续健康发展发挥了积极作用。

当前，很多消费者对中国奶业的印象或许还停留在家庭式散养、人工挤奶的落后式经营阶段，其实不然，在国家政策大力扶持、全行业砥砺奋斗的作用下，我国奶业已经步入了规模化、智能化发展的数字化新时代，牧场管理软件、实时监控系统等硬件的开发和应用都有了长足的进步，相关技术日趋成熟，应用水平也在不断上升。但奶业比其他行业更为特殊，其涵盖养殖业、制造业、服务业三大产业，产业链长，管理复杂，无可借鉴的数字化应用模板，需要不断去摸索。相较于国外奶业发达国家，我国在数字化技术的研发和应用方面仍存在许多问题。

一是信息孤岛现象严重，互联互通技术以及共享机制仍有待完善。当前奶业数字化发展往往只是不同产业内的数字化，产业链之间缺乏信息交互。例如部分养殖企业和加工企业分别已经实现了数字化，但相互之间信息不互通，生产、加工与销售仍处于割裂状态，产需对接不顺畅，难以将数据价值最大化。同时，养殖企业之间、加工企业之间数据孤立，共享机制不健全，建立奶业大数据生态圈较为困难。

二是生产环节间数字化发展不均衡。尤其是对于大部分规模奶牛养殖企业来讲，在全混合日粮饲喂、育种管理、健康管理等方面都已实现了智能化管理，但想要生产经营更加数智化，还需要加强与人员管理和绩效评价的数字化连接，实现对人的行为及时干预，确保生产经营操作达到要求，从而提升生产效率，最大化发挥数据价值。

三是国内奶业数字化技术研发落后，相关人才储备不足。在牧场信息化技术应用过程中，国外厂商仍处于垄断地位，国内在相关领域研发仍未有突破，导致我国奶业数字化转型投资成本巨大，很多牧场不愿意改变原有的落后管理模式，同时缺乏奶业数字化设备设施应用人才，导致无法充分发挥相关系统设备的作用。

对中国奶业而言，数字化转型还将面临更多挑战，但数字化是奶业持续健康发展的必然选择。《"十四五"全国畜牧兽医行业发展规划》提出，到2025年，全国畜牧行业现代化建设取得重大进展，奶牛、生猪、家禽养殖率先实现基本现代化。奶业发展是农业现代化的先行军，奶牛场作为奶业生态圈的核心，直接影响全产业链的健康发展，如何更加高效地利用有限的资源，提升牧场可持续盈利能力和竞争力，是摆在牧场投资者和运营管理者面前永恒的话题[①]。新一轮技术革命的到来，让数字化技术成为牧场提高生产效率、实现可持续发展的关键。随着牧场信息化、智能化、数字化转型的不断推进，对生产管理系统要求越来越高，牧场经营者期望能够利用数据客观评估自己牧场的关键生产性能，并与国际和国内牧场进行对标分析和交流，帮助牧场持续进行改进和提升。在《中国规模化奶牛场关键生产性能现状（2020版）》《中国规模化奶牛场关键生产性能现状（2021版）》《中国规模化奶牛场关键生产性能现状（2022版）》《中国规模化奶牛场关键生产性能现状（2023版）》的基础上，通过对一牧云（YIMUCloud）当前服务分布在全国25个省（自治区、直辖市）的397个牧场，1 338 000头奶牛的生产数据筛选、分析、整理并发布《中国规模化奶牛场关键生产性能现状（2024版）》，谨望能够不断完善并逐渐建立起奶牛场生产性能评估标准和对标依据，为中国奶业可持续发展贡献绵薄之力。

　　未来，中国奶业将借助数字化优势，在奶业持续健康发展过程中发挥更大作用，在全球奶业竞争中抢占更有利地位，真正实现从奶业大国到奶业强国的转变，同时引领全球奶业的数字化发展。

---

①　全面推进　重点突破　加快实现农业现代化——农业部部长韩长赋就《全国农业现代化规划（2016—2020年）》发布答记者问[J].休闲农业与美丽乡村，2016（11）：6-27。

第二章 数据来源与牛群概况

　　本书数据来源于一牧云（YIMUCloud）"牧场生产管理与服务支撑系统"，截止日期为2023年12月31日（后文中提到"当前结果"，均代表截至该日的数据）。所有生产性能现状结果均是基于一牧云（YIMUCloud）持续服务的，分布在全国25个省（自治区、直辖市）的397个牧场，1 338 000头奶牛的生产数据（图2.1）分析而得。

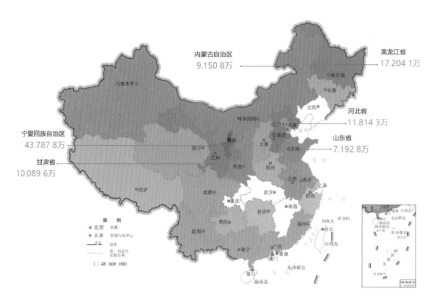

图2.1　一牧云（YIMUCloud）"牧场生产管理与服务支撑系统"服务牧场分布（单位：头）

　　牧场数据筛选标准如下：

　　一是一牧云系统中累积数据超过一年；

　　二是繁育信息连续且录入完整；

三是最近6个月牛群结构稳定，牛群规模>200头，完全为后备牛的牧场数据做剔除处理；

四是截至2023年12月31日，仍有数据录入的牧场。

最终筛选出符合标准的牧场352个，覆盖群牛1 250 987头，其中成母牛613 234头，后备牛603 026头（图2.2）。

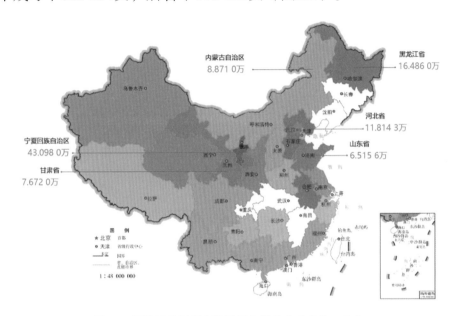

图2.2　筛选后分析样本数量及存栏分布（单位：头）

样本牛群胎次分布统计分析见图2.3。

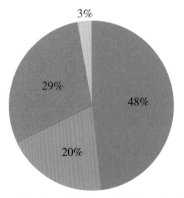

■后备牛　■头胎牛　■经产牛　■公牛

图2.3　样本牛群胎次分布情况（*n*=1 250 987）

第一节　群体规模概况

根据前述标准，筛选出的牧场在各省（自治区、直辖市）分布情况见表2.1。其中用户牧场数量最多的3个省（自治区）分别为宁夏回族自治区、黑龙江省及新疆维吾尔自治区；牛只数量分布最多的3个省（自治区）分别为宁夏回族自治区、河北省及黑龙江省。

表2.1　各省（区、市）牧场样本数量及存栏量分布情况

区域	牧场数量（个）	全群牛头数（头）	成母牛头数（头）	泌乳牛头数（头）	后备牛头数（头）
宁夏回族自治区	113	430 980	206 581	179 170	204 888
黑龙江省	55	164 860	80 858	70 624	82 485
河北省	17	118 143	58 975	52 483	58 461
内蒙古自治区	21	88 710	39 863	34 112	47 179
甘肃省	20	76 720	37 375	32 530	35 841
安徽省	4	69 768	39 194	35 327	30 277
山东省	14	65 156	33 852	29 653	30 312
陕西省	9	51 304	25 811	23 113	25 081
新疆维吾尔自治区	24	43 235	20 707	17 614	21 277
北京市	17	41 199	18 969	17 151	19 815
江苏省	9	28 403	16 181	14 294	11 893
云南省	9	17 830	8 050	6 934	9 102
广东省	10	12 665	6 221	5 588	6 145
四川省	3	9 534	4 770	4 239	4 608
广西壮族自治区	6	8 525	4 741	4 351	3 718
天津市	6	5 289	2 315	2 065	2 833

（续表）

区域	牧场数量（个）	全群牛头数（头）	成母牛头数（头）	泌乳牛头数（头）	后备牛头数（头）
福建省	2	4 734	1 997	1 821	2 737
山西省	4	4 569	1 967	1 689	2 031
河南省	5	3 029	1 427	1 235	1 601
湖南省	1	1 971	906	789	1 016
贵州省	1	1 723	1 168	1 008	473
浙江省	1	1 629	783	738	846
西藏自治区	1	1 011	523	265	407
总计	352	1 250 987	613 234	536 793	603 026

样本牧场中，规模最大的单体牧场全群存栏为43 509头（其中成母牛24 238头），规模最小的全群存栏为206头（其中成母牛187头），不同存栏规模牧场数量分布情况见表2.2。

表2.2 不同规模牧场样本数量及存栏分布情况

全群规模	牧场数量（个）	牧场数量占比（%）	总牛群存栏（头）	存栏占比（%）
<1 000头	69	19.6	41 901	3.3
1 000～1 999头	116	33.0	163 439	13.1
2 000～4 999头	99	28.1	300 891	24.1
≥5 000头	68	19.3	744 756	59.5
总计	352	100.0	1 250 987	100.0

结果可见，群体规模<1 000头牧场占比19.6%，1 000～1 999头规模牧场占比33.0%，2 000～4 999头规模牧场占比28.1%，5 000头以上规模牧场占比19.3%，与2022年相比，群体规模<1 000头牧场数量占比（24.5%）降低4.9个百分点，1 000～1 999

头规模牧场数量占比（32.7%）增加0.3个百分点，2 000 ~ 4 999头规模牧场数量占比（25.8%）增加2.3个百分点，5 000头以上规模牧场数量占比（17.0%）增加2.3个百分点，大规模存栏牧场占比呈增大趋势。

而从存栏数量上来看，<1 000头规模牧场的总存栏占比仅为3.3%，1 000 ~ 1 999头规模牧场的总存栏占比13.1%，2 000 ~ 4 999头规模牧场的总存栏占比24.1%，≥5 000头规模牧场的总存栏占比59.5%。≥5 000头规模牧场的总存栏占据了一牧云平台中管理牛只总存栏量的50%以上（图2.4）。

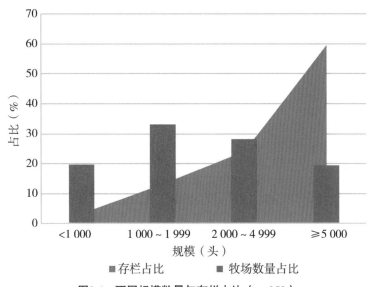

图2.4　不同规模数量与存栏占比（*n*=352）

第二节　成母牛怀孕牛比例

根据经典的泌乳曲线（图2.5）可知，对于一个持续稳定运营的奶牛场，其成母牛在一个泌乳期中至少超过一半的时间应当处于怀孕状态，如此牧场才能具备较好的盈利能力。

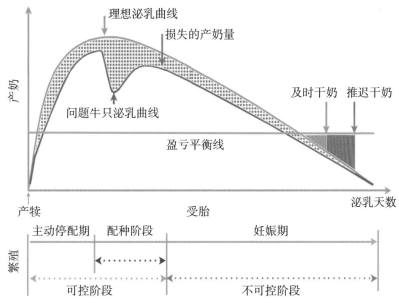

图2.5　代表性的泌乳曲线与牧场繁殖

由于奶牛的繁殖状态是一个动态变化的过程，我们统计了系统中授权的共295个牧场牛群在2023年1—12月每月月末采集到的成母牛怀孕比例，所有牧场在统计时间段内怀孕牛比例分布情况如图2.6所示。根据箱线图统计结果，可见平均成母牛怀孕比例为53.0%，变化范围22%～93%，四分位数范围49%～58%（IQR，50%最集中牧场的分布范围）。

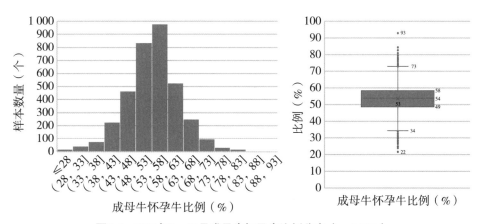

图2.6　2023年1—12月成母牛怀孕牛比例分布（*n*=3 540）

对293个牧场的年均成母牛怀孕比例与21天怀孕率进行相关分析，可得出两组数据（Pearson）的相关系数为0.690，统计学检验两组样本数据间相关系数达极显著水平（$P<0.000\ 1$），反映出21天怀孕率越高的牧场，其全群年均成母牛怀孕牛比例相对越高，散点图结果如图2.7所示。

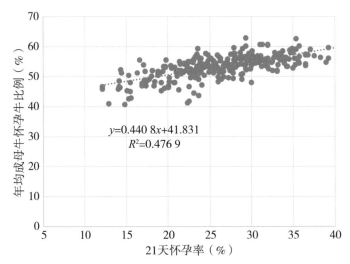

$$y=0.440\ 8x+41.831$$
$$R^2=0.476\ 9$$

图2.7 21天怀孕率与年均成母牛怀孕牛比例相关分析（_n_=293）

对各牧场每月成母牛怀孕牛比例进行统计，全年波动箱线如图2.8（不同的颜色代表不同的牧场），可见，受各牧场全年繁育计划及繁殖方案不同的影响，牧场间变化的范围存在较大的差异。

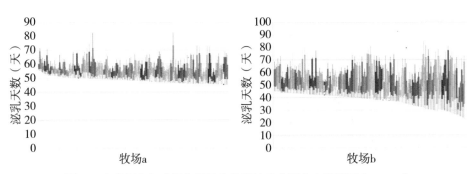

图2.8 各牧场全年成母牛怀孕牛比例波动范围分布箱线图（_n_=295）

　　图2.9是对全年各月怀孕牛比例最低值超过50%的42个牧场展示，可见42个牧场全年波动的幅度不同。图2.10展示了42个牧场中波动幅度最大的41号牧场及波动幅度最小的4号牧场过去一年每月的产犊情况。结果可见，全年怀孕牛比例波动幅度越小的4号牧场（最小值54.15%，最大值57.74%），牛群规模较大（5 000头及以上），其全年各月产犊头数及各月怀孕头数波动范围也相对越小；而波动幅度较大的牧场，牛群规模较小（5 000头及以上），在全年某段时间（7—10月）存在集中产犊的现象。

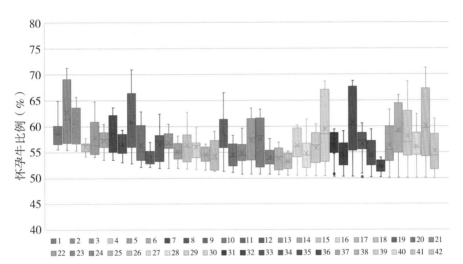

图2.9　全年成母牛怀孕牛比例最低值大于等于50%牧场各月怀孕牛比例波动范围箱线图
（序号1～42代表不同牧场）

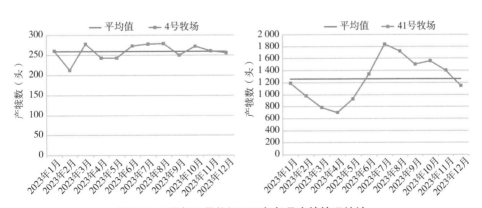

图2.10　4号与41号牧场2023年每月产犊情况统计

第三节　泌乳牛平均泌乳天数

泌乳牛平均泌乳天数，表示全群泌乳牛泌乳天数的平均值，相对静态条件下（牧场生产、繁殖、死淘等工作相对稳定时），泌乳牛的平均泌乳天数，与泌乳牛群的产量有明显的相关关系。

刘仲奎（2014）研究表明，一个成熟的规模化牧场，一年365天正常的平均泌乳天数为175～185天；维持盈利的最低平均泌乳天数的底线，不能高于200天。刘玉芝等（2009）指出，全群成母牛平均泌乳天数正常值应该为150～170天，群体的平均泌乳天数可反映出牛群的品质和繁殖性能。通过对已授权的323个牧场当前泌乳牛平均泌乳天数的统计分析结果可见（图2.11、图2.12），当前平均泌乳天数为162天，四分位数范围147～174天（50%最集中牧场的分布范围），群体最高的平均泌乳天数为281天，最低的泌乳天数为90天。

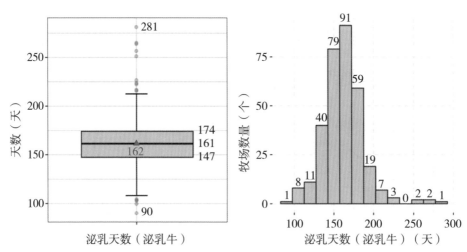

图2.11　牧场泌乳牛平均泌乳天数分布箱线图
（*n*=323）

图2.12　牧场泌乳牛平均泌乳天数分布
（*n*=323）

对2023年12个月均有泌乳牛平均泌乳天数的294个牧场的

21天怀孕率与年均泌乳牛平均泌乳天数进行相关分析，两者（Pearson）相关系数为−0.470，统计学检验两样本间相关系数达极显著水平（$P<0.0001$），反映出21天怀孕率表现越好，年均泌乳牛平均泌乳天数越低，结果见图2.13。

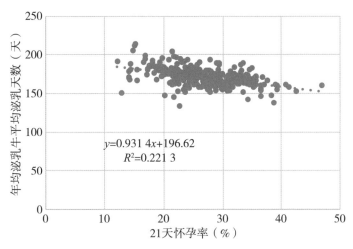

图2.13　21天怀孕率与年均泌乳牛平均泌乳天数相关分析（$n=294$）

各牧场泌乳牛平均泌乳天数全年波动幅度如图2.14所示，其中波动最大的6个牧场，全年波动幅度范围（极差）在119～160天，查询牧场规模和各月份产犊数，发现其中1个牧场全群头数5 000头以上，2023年各月份产犊数波动较大，呈现季节性产犊，1—5月产犊数较少，6—10月产犊数较多；其中2个牧场全群头数在1 000～2 000头和5 000头以上，各月份产犊数也波动较大，呈现季节性产犊，1—2月和9—11月产犊数较多；其中1个牧场全群头数1 000～2 000头，2个牧场全群头数2 000～5 000头，8—12月产犊数较多。波动范围最小的牧场其全年波动最大幅度仅为11天，在171～182天波动，其中2023年21天怀孕率33.1%，月度范围22%～40%。提示牧场在评估时需要注意，平均泌乳天数是一个动态值，必须要结合当时的全群牛状态参考进行针对性分析。

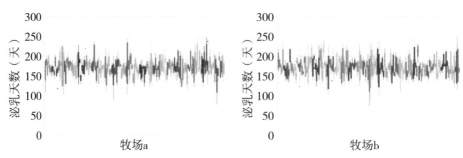

图2.14　牧场全年泌乳牛平均泌乳天数波动范围分布箱线图（*n*=294）

刘仲奎（2014）研究表明，一个规模化牧场的平均泌乳天数持续出现60天、80天、90天、100天、110天、120天、130天，这是不正常的。我们对294个牧场中2023年有5个月出现平均泌乳天数<130天的牧场做了进一步分析，共包含5个牧场，其中2个牧场是由于7—12月集中产犊，1个牧场4—9月产犊数较多，另一个9—12月产犊数较多，使得对应月份和后续1—3个月泌乳天数降低；另外1个牧场后备牛较多，在1—3月和12月集中产犊，导致2023年对应月份与后续月份泌乳牛泌乳天数降低。

第四节　平均泌乳天数（成母牛）

成母牛平均泌乳天数，表示全群成母牛泌乳天数的平均值，计算方式如下：

$$成母牛平均泌乳天数=\frac{\Sigma（泌乳牛泌乳天数）+\Sigma（干奶牛泌乳天数）}{总成母牛头数}$$

注：干奶牛的泌乳天数为其从产犊至干奶的天数。

成母牛的泌乳天数，可用来反映牛群异常干奶牛比例、干奶时怀孕天数差异等问题，同时可用来反映全群成母牛的生产水平，通常与成母牛平均单产相对应，共同反映全群成母牛的盈利能力。

我们对已授权的323个牧场成母牛平均泌乳天数与泌乳牛平均泌乳天数统计，统计结果见图2.15，成母牛泌乳天数平均值与中位数均为183天，上下四分位数为172~195天，最大值为289天，最小值为102天。

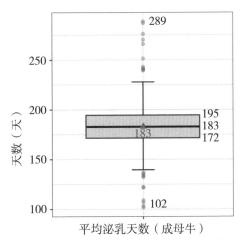

图2.15　成母牛平均泌乳天数分布箱线图（*n*=323）

将各牧场成母牛平均泌乳天数与泌乳牛平均泌乳天数的差值进行统计分析，结果见图2.16，可见成母牛平均泌乳天数与泌乳牛平均泌乳天数差值平均为21天，上下四分位数为17~25天；统计最高的差异为81天，最低为-0.5天。

当差异为"0"时，表示牛群全部为泌乳牛，无干奶牛，该种情况通常出现于新建牧场牛群刚刚投入生产时尚且没有干奶牛的情况；当差异为负时，牛群既有泌乳牛，又有干奶牛、围产牛，但部分牛只在干奶时平均泌乳天数较小，导致成母牛泌乳天数低于泌乳牛，出现这种情况说明牧场存在生产管理问题，出现较大

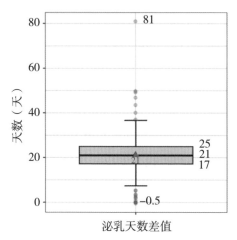

图2.16　成母牛平均泌乳天数与泌乳牛平均泌乳天数差异统计箱线图（*n*=323）

比例的非正常干奶牛。同样，对于成母牛与泌乳牛天数相差过低时进行分析，主要原因包括：一是为新建牧场牛群，牛群中头胎牛尚未开始干奶；二是干奶转群未录入，部分牛只怀孕天数已经超过210天，但仍属于已孕干奶牛，提示需及时录入干奶转群事件。成母牛与泌乳牛合理的平均泌乳天数差异，是成母牛群的稳定性与全群成母牛的生产水平的直观体现。

对高于40天的异常数据进行进一步溯源分析，表明造成差值过高的原因主要包括：一是牛群成母牛中干奶牛只比例过高；二是牛只干奶时泌乳天数过高，反映出较低的繁殖水平与较低的产奶量。

第三章 成母牛关键繁育性能现状

众所周知，对于商业化奶牛场，奶牛的繁殖能力是驱动其能否盈利的关键，因此作为管理者必须对牧场的繁殖水平进行及时掌握和评估，以便随时改进和预防问题的发生。本章对繁殖管理中常见的指标，诸如21天怀孕率、21天配种率、成母牛受胎率、成母牛不同配次受胎率、成母牛不同胎次受胎率、成母牛150天未孕比例、平均首配泌乳天数、平均空怀天数、平均产犊间隔、孕检怀孕率等指标分别进行了统计分析与说明。

第一节   21天怀孕率

21天怀孕率（21-Day Pregnant Risk）的概念最早由Steve Eicker博士和Connor Jameson博士于20世纪80年代在美国硅谷农业软件公司（VAS）提出，并通过DC305牧场管理软件应用于牧场当中的，这是截至目前较为公认的能够较全面、及时、准确评估牧场繁殖表现的关键指标，其定义为：应怀孕牛只在可怀孕的21天周期（发情周期）内最终怀孕的比例。笔者对截至当前过去一年323个牛群的成母牛怀孕率进行统计汇总（图3.1、图3.2），可见，四分位数范围为22%～31%（50%最集中牧场的分布范围），平均值为26.5%，中位数为26%，与我们跟踪的2017年度（怀孕率平均值16%，中位数15%）、2018年度（怀孕率平均值18.5%，中位数17%），2019年度（怀孕率平均值18.8%，中位数18%），2020年度（怀孕率平均值22%，中位数22%），2021年度（怀孕率平均值23.4%，中位数24%），以及2022年度（怀孕率平均值24.6%，中位数24%）相比，牧场的繁殖表现呈持续提升趋势。

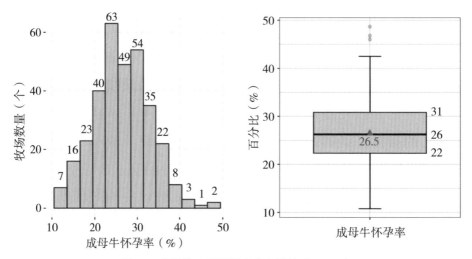

图3.1 成母牛21天怀孕率分布统计（*n*=323）

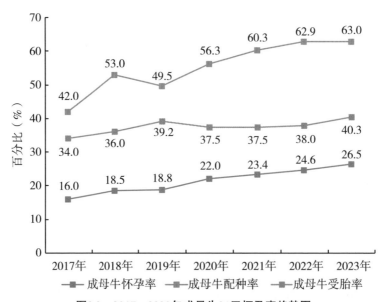

图3.2 2017—2023年成母牛21天怀孕率趋势图

对不同规模牧场的21天怀孕率表现进行分组统计分析（表3.1），可见，以全群规模为分组标准时，牧场规模越大，平均怀孕率水平则越高，反映出大型牧场具有相对完善的繁育流程和相对标准的操作规程，且生产一线的执行效果较佳。2 000头以内的牧场平均怀孕率水平较低，表明中小规模牧场的繁育管理和技术水平存在较大的提升空间。

表3.1　不同群体规模牧场21天怀孕率统计结果（*n*=323）

全群规模（头）	牧场数量（个）	牧场数量占比（%）	平均值（%）	中位数（%）	最大值（%）	最小值（%）	标准差（%）
<1 000	57	17.6	20.3	20.83	32.75	10.77	5.16
1 000～1 999	110	34.1	25.1	24.78	37.12	12.20	5.16
2 000～4 999	91	28.2	28.1	27.86	48.69	15.59	5.71
≥5 000	65	20.1	32.0	32.09	46.81	11.79	5.67
总计	323	100	26.5	26.26	48.69	10.77	6.60

相较于不同牛群规模的21天怀孕率统计（2022年度），详见图3.3，2023年度规模在<1 000头的牧场21天怀孕率上升近1个百分点

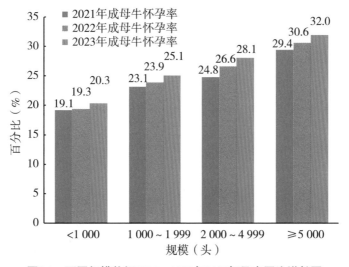

图3.3　不同规模牧场2021—2023年21天怀孕率同比增长图

（2022年度19.34%，2023年度20.3%）；规模在1 000~1 999头的上升1.2个百分点（2022年度23.9%，2023年度25.1%）；规模在2 000~4 999头的上升1.5个百分点（2022年度26.6%，2023年度28.1%），≥5 000头规模的牧场上升1.4个百分点（2022年度30.6%，2023年度32.0%）。样本整体水平相较于2022年（24.6%）上升1.9个百分点。不同规模牧场增长幅度依然反映出中小规模牧场具有较大的提升空间。

第二节　21天配种率

21天配种率（或称发情揭发率），通常与21天怀孕率共同计算与呈现，其定义为：应配种牛只在可配种的21天周期（发情周期）内最终配种的比例。配种率是反映牧场配种工作（或发情揭发工作）效率高低的指标。对截至当前过去一年333个牛群的成母牛配种率进行统计分析，其成母牛配种率分布情况如图3.4所示，超过25%的牧场配种率均高于71%，50%的牧场集中分布于

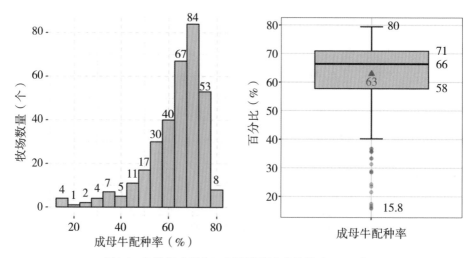

图3.4　各牧场成母牛21天配种率分布统计（*n*=333）

58%～71%，平均值为63%，中位数为66%，最大值为80%，最小值为15.8%。

对配种率最高的牛群进行针对性探源分析，显示其高配种率的原因主要包括四个方面：一是全年持续稳定的配种工作，未因节日及季节影响牛只配种工作；二是产后牛及空怀牛同期流程的良好应用；三是辅助发情监测工具（计步器、尾根涂蜡笔等）应用较好；四是繁育人员的责任心和执行力更强。

与怀孕率一样，笔者对不同群体规模的配种率表现进行了分组统计分析（表3.2），可以发现，牧场规模越大，平均配种率水平则越高，组内不同牧场间的差异也较小（标准差较小），这个结果与怀孕率表现趋势一致。各规模分组中配种率最高值差异不明显（1%～8%）；但平均值方面，5 000头以上规模牧场配种率（平均值≥70.49%）明显高于5 000头以下牧场（平均值66.04%、61.57%、53.20%），同样反映出大型牧场相对完善的繁育流程与相对标准的操作规程。各分组配种率最大值无明显差异，表明优秀的配种率表现与群体规模并无明显的相关关系，任何规模群体的牧场均有取得优秀的配种率表现的能力和潜力。

表3.2　不同群体规模牧场21天配种率统计结果（n=333）

全群规模 （头）	牧场数量 （个）	牧场数量占比 （%）	平均值 （%）	中位数 （%）	最大值 （%）	最小值 （%）	标准差 （%）
<1 000	63	18.9	53.20	55.05	71.37	15.76	13.34
1 000～1 999	113	33.9	61.57	65.03	77.82	16.03	10.98
2 000～4 999	92	27.6	66.04	68.28	79.48	28.42	9.30
≥5 000	65	19.5	70.49	72.50	78.96	28.90	8.16
总计	333	100.0	62.96	66.40	79.48	15.76	11.99

第三节　成母牛受胎率

成母牛受胎率定义为：配种后已知孕检结果配种事件中怀孕的百分比，计算方法如下：

$$成母牛受胎率（\%）= \frac{配种后初检怀孕的事件数}{配种事件总数（已知孕检结果）} \times 100$$

338个牧场当中，其受胎率分布情况如图3.5所示。所有牧场中，受胎率最高为60.7%，最低为20.8%，四分位数范围为36%~45%（50%最集中牧场的分布范围），平均值为40.3%，中位数为40%。

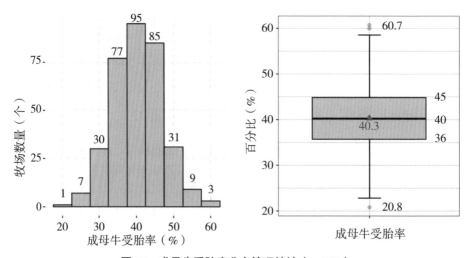

图3.5　成母牛受胎率分布情况统计（n=338）

对不同群体规模的成母牛受胎率表现进行分组统计（表3.3），可以看到，5 000头以上规模组内差异最小（标准差最小），1 000头以内规模牧场组内差异最大。虽然成母牛受胎率存在无法反映参配率的缺点，但不可否认成母牛受胎率的高低对于牧场繁殖策

略的选择以及牧场效益高低具有重要的参考意义，所以牧场在制
订繁育流程时，应结合牧场成母牛受胎率结果进行综合分析和
考量。

表3.3　不同群体规模的受胎率表现

全群规模 （头）	牧场数量 （个）	牧场数量占比 （%）	平均值 （%）	中位数 （%）	最大值 （%）	最小值 （%）	标准差 （%）
<1 000	64	18.93	35.74	34.56	52.31	20.83	6.73
1 000～1 999	112	33.14	39.44	38.47	52.75	22.82	5.82
2 000～4 999	95	28.11	41.46	40.76	60.00	28.23	6.49
≥5 000	67	19.82	44.58	44.86	60.74	34.44	4.94
总计	338	100.00	40.33	40.21	60.74	20.83	6.68

对不同群体规模不同配种方式（主要包括：自然发情、同期
处理和定时输精）下受胎率表现进行分组统计（表3.4），可以
发现，三种配种方式的受胎率呈现牧场规模越大受胎率越高的趋
势。其中，三种配种方式的受胎率在5 000头以上规模组均较大
（42.5%～47.3%），但1 000头以内规模牧场三种配种方式受胎率
较低（33.7%～38.0%），进一步反映出大型牧场相对完善的繁育
流程与相对标准的操作规程在生产实践中的现实优势。

表3.4　不同群体规模在不同配种方式下受胎率表现

规模 （头）	牧场数量 （个）	牧场数量占比 （%）	定时输精 （%）	同期处理 （%）	自然发情 （%）
<1 000	61	18.3	38.0	33.7	37.1
1 000～1 999	112	33.5	40.6	39.6	39.9
2 000～4 999	95	28.4	44.6	43.0	40.9
≥5 000	66	19.8	47.3	42.8	42.5
总计	334	100.0	43.3	40.3	40.2

第四节　成母牛不同配次受胎率

对过去一年332个牛群的成母牛不同配次受胎率进行分析（图3.6），可见产后第1次配种受胎率平均值>第2次配种受胎率平均值>第3次及以上配种受胎率平均值（分别为44.6%、40.8%、35.2%），各牧场不同配次受胎率及不同配次间受胎率差异如图3.6所示。首次配种受胎率四分位数范围为39%~51%，第2次配种受胎率四分位数范围为37%~45%，第3次配种受胎率四分位数范围为30%~40%（四分位数范围为50%最集中牧场的分布范围）。

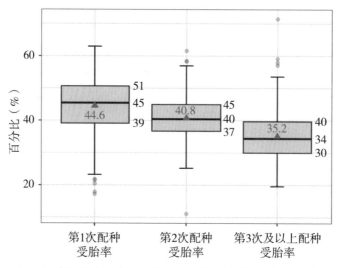

图3.6　各牧场成母牛不同配次受胎率分布箱线图（*n*=332）

对于前两次配种分别进行了统计学的差异性分析（图3.7），可见超过23%（78/332）的牧场第1次配种受胎率仍然低于之后几次配种受胎率，分析其原因，主要表现在三个方面：一是不完善的产后护理及保健流程；二是产后牛同期方案执行不佳；三是配种过早，主动停配期设置不够合理。

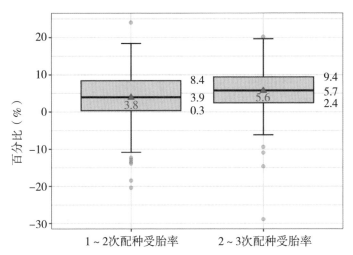

图3.7 牧场成母牛不同配次受胎率及前3次受胎率差异（ *n*=332 ）

第五节 成母牛不同胎次受胎率

对过去一年313个牛群的成母牛不同胎次牛只受胎率进行分析，结果如图3.8所示。可见，第1胎牛配种受胎率平均值>第2胎次配种受胎率平均值>第3胎次配种受胎率平均值（分别为43.5%、

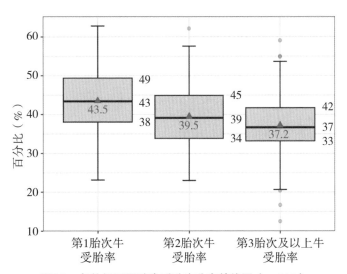

图3.8 各牧场不同胎次受胎率分布箱线图（ *n*=313 ）

39.5%、37.2%），第1胎牛受胎率四分位数范围为38%～49%，第2胎牛配种受胎率四分位数范围为34%～45%，第3胎及以上牛只配种受胎率四分位数范围为33%～42%（四分位数范围为50%最集中牧场的分布范围）。

对于第1胎牛及第2胎牛单独进行了差异性分析（图3.9），可见约有24%（69/286）牧场第1胎牛的受胎率结果低于第2胎牛，分析原因，主要集中在以下四个方面：一是不完善的产后护理及保健流程；二是青年牛围产天数不足；三是第1胎牛配种过早，主动停配期设置不合理；四是第1胎牛发情揭发率低于经产牛。

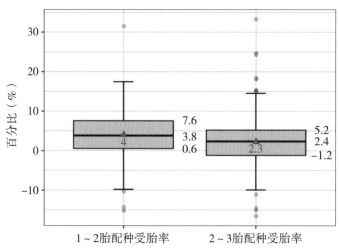

图3.9　牧场成母牛不同胎次受胎率差异（*n*=313）

第六节　成母牛150天未孕比例

成母牛150天未孕比例，定义为全群产后150天以上成母牛群中，未孕牛只的比例，计算方法如下：

$$成母牛150天未孕比例（\%）= \frac{产后天数>150天未孕牛头数}{产后天数>150天总牛头数} \times 100$$

成母牛150天未孕比例监测的意义主要在于：一是用来反映牧场全群成母牛怀孕效率；二是反映成母牛群中繁殖问题牛群比例。150天未孕比例越低，则表明成母牛群繁殖效率越高，同时成母牛牛群结构中有繁殖问题牛群占比越少。

对332个牧场进行了统计分析，所有牧场中（图3.10），成母牛150天未孕比例平均为23.0%，中位数为20.3%，最高值为59.6%，最低值为10.1%，四分位数范围16%~27%（50%最集中牛群的分布范围）。

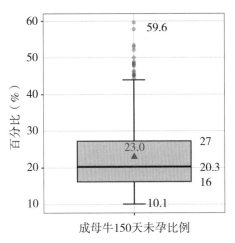

图3.10　成母牛150天未孕比例分布箱线图（*n*=332）

以牛群规模作为分组标准，不同群体规模分组统计结果表明（图3.11、表3.5），群体规模越大，其成母牛150天未孕比例平均值表现越低，且组内差异较小。该结果表明规模较大的牧场更加重视数据化管理，有较好的关键指标体系管理，并且会及时关注牛群结构指标并做出相应调整，保持较好的牛群结构比例情况。

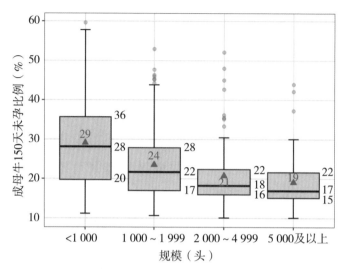

图3.11　不同群体规模分组成母牛150天未孕比例分布箱线图（*n*=332）

表3.5　不同群体规模分组成母牛150天未孕比例统计结果（*n*=332）

全群规模 （头）	牧场数量 （个）	牧场数量占比 （%）	平均值 （%）	中位数 （%）	最大值 （%）	最小值 （%）
<1 000	63	19.0	29.14	28.14	59.60	11.17
1 000 ~ 1 999	111	33.4	23.55	21.68	52.94	10.66
2 000 ~ 4 999	91	27.4	20.77	18.22	52.10	10.10
≥5 000	67	20.2	19.11	16.91	43.96	10.09
总计	332	100.0	22.96	20.28	59.60	10.09

第七节　平均首配泌乳天数

平均首配泌乳天数，定义为成母牛群中首次配种时的平均产后天数，计算方法为截至当前成母牛中所有当前胎次有配种记录成母牛的平均首配泌乳天数。平均首配泌乳天数主要用来反映牧场成母牛首次配种的及时性，可作为牛群首次配种方案评估的参考值。

332个牛群中首配泌乳天数分布情况如图3.12所示。平均首配泌乳天数最大为89天，最小为42天，平均值为69天，中位值为69天，四分位数范围65～72天（50%最集中牛群的分布范围）。

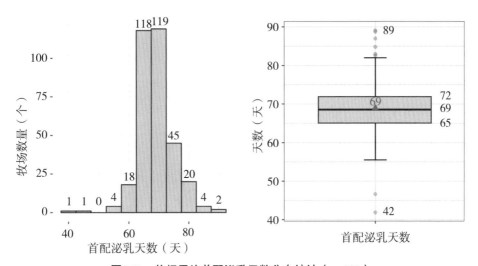

图3.12　牧场平均首配泌乳天数分布统计（*n*=332）

对其中330个牛群成母牛主动停配期统计发现，成母牛主动停配期参数设置最大值90天，最小值34天，平均值为58天，中位数60天，平均值和中位数均低于首配泌乳天数，两指标之间差值的平均值为10.5天，也就是表明，实际生产中首配泌乳天数较主动停配期长10天以上。因此，建议牧场根据实际情况设定成母牛主动停配期，以保证成母牛产后在主动停配期后及时配种。

为进一步分析首次配种分布的差异情况，我们选取了平均首配泌乳天数最低的4个牧场进行了具体的分布情况查询，这4个牧场的首次配种模式分布情况如图3.13所示。以牧场4为例，其平均泌乳天数为59天，但从其过去一年的首次配种散点图上可以看到，首次配种的方案并不理想，首次配种并不集中，离散度较高，且存在配种过早及配种过晚的牛只（成母牛主动停配期50天），该示例体现出平均值指标应用于生产分析时存在的片面性。因此，在分析数据时，必须对选用指标的参考价值及意义加以甄辨。

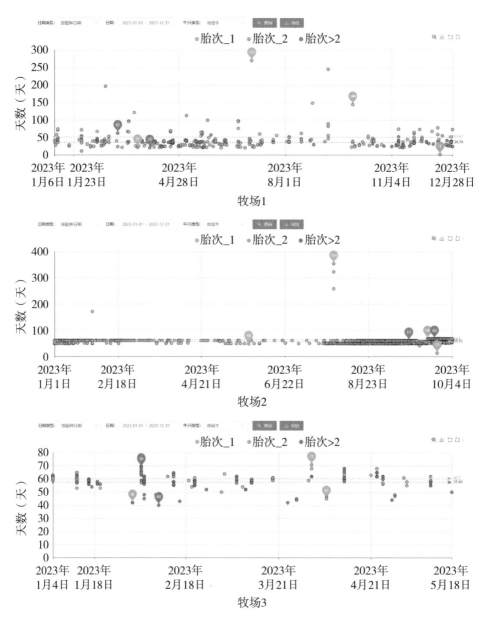

图3.13　平均首配泌乳天数最低的4个牧场的首次配种模式分布散点图

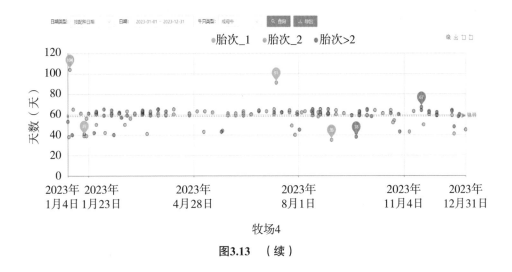

图3.13　（续）

第八节　平均空怀天数

空怀天数（也称为配妊天数），对于未孕牛只，其定义为牛只产后至今的天数；对于已孕牛只，其定义为牛只产后至配种结果为怀孕的配种日期的天数；平均空怀天数算法为当前所有在群成母牛空怀天数的平均值。该指标可作为当前成母牛群的繁殖效率及牛只当前胎次繁殖方案实际执行效果的参考值。但其同时受到流产牛、禁配牛等异常牛群比例的影响。因该指标统计牛只仅基于某一个时间点状态计算其空怀天数，与21天怀孕率、怀孕牛比例等指标并不处于同一时间维度，所以本书中不对其进行相关关联分析。

337个牛群中平均空怀天数分布情况如图3.14所示，各牛群中平均空怀天数均值为120天，中位值为113，四分位数范围103～127天（50%最集中牧场的分布情况），最大值为277天，最小值为61天。

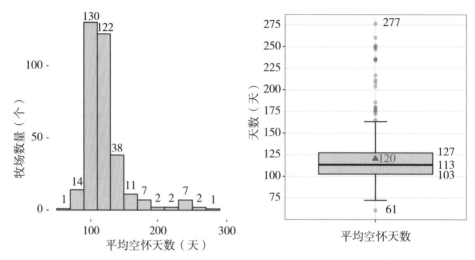

图3.14　各牧场平均空怀天数分布统计（*n*=337）

第九节　平均产犊间隔

　　产犊间隔，指经产牛本次产犊与上次产犊时的间隔天数，其计算方法为牛只本次产犊日期减去上次产犊日期。牛只至少产犊两次才可以计算产犊间隔。平均产犊间隔为经产牛群产犊间隔的平均值，虽然存在反映的繁殖效率滞后的缺点，但可作为牛群上一胎次繁殖效率的很好的评估标准。

　　对330个牧场进行统计分析（图3.15），结果可见，样本牧场产犊间隔的平均值为397天，中位数为394天，四分位数范围386～405天（50%最集中牧场的分布情况），最大值为488天，最小值为348天。

　　对比过去4年的产犊间隔分布情况（图3.16），可见产犊间隔整体表现稳中有进。此外，产犊间隔并不是越低越好，特别低的产犊间隔可能反映出牧场早产率过高。

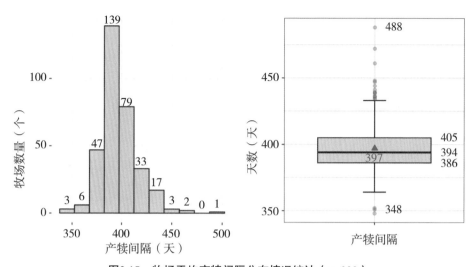

图3.15　牧场平均产犊间隔分布情况统计（*n*=330）

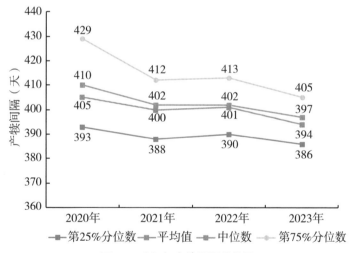

图3.16　近4年产犊间隔趋势图

对2022年至少有10个月及以上月度怀孕率数据且2023年产犊间隔较低的4个牧场数据做进一步深入分析，可见，其2022年度21天怀孕率均在29%以上（分别为29.43%、35.28%、33.62%、38.16%），进一步彰显了产犊间隔作为评估繁育指标时的滞后性缺点，因而建议将该指标作为参考性指标使用，对生产实践更为稳妥（图3.17）。

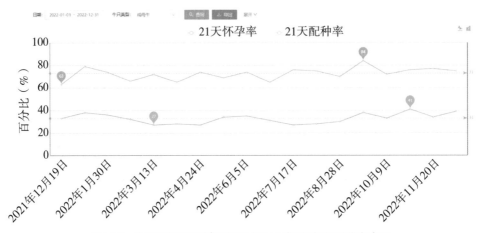

图3.17 高怀孕率低产犊间隔牧场21天怀孕率和配种率表现

第十节 孕检怀孕率

孕检怀孕率，指成母牛孕检总头数中孕检怀孕的比例，计算方法如下。

$$孕检怀孕率（\%）= \frac{成母牛孕检怀孕事件数}{成母牛孕检事件总数} \times 100$$

孕检怀孕率是反映成母牛配后第一个情期发情揭发率的有效指标，孕检怀孕率越高，表明牧场对于配后牛只的发情揭发工作越积极且越成功。但很多生产人员通过该指标评估受胎率，这是对孕检怀孕率的误解。因为能够及时发现牛只返情，是不必等到孕检即可发现空怀的。所以其更重要的作用是评估发情揭发率的表现，是对发情揭发制度体系和配种人员工作效率的评价参考。

334个牧场过去一年的孕检怀孕率情况见图3.18。可见各牧场成母牛孕检怀孕率平均为62.8%，中位数为63.1%，四分位数范围

56%～69%（50%最集中牧场的分布情况），最高为89.9%，最低为22.9%。

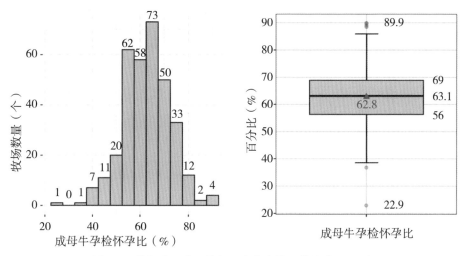

图3.18　牧场成母牛孕检怀孕率分布情况统计（*n*=334）

由于群体规模及人员配置与繁育人员工作方式有很大关联性，我们对不同群体规模分组的孕检怀孕率进行了分析（表3.6、图3.19），发现2 000头以下牧场仍有较大提升空间，5 000头以上牧场变异范围相对最小，分析原因主要是大型牧场有较为规范的繁育操作规程和人员工作检核机制且人员执行力较好等因素的综合结果。

表3.6　不同群体规模分组的孕检怀孕率统计分布情况（*n*=334）

全群规模（头）	牧场数量（个）	牧场数量占比（%）	平均值（%）	中位数（%）	最大值（%）	最小值（%）
<1 000	63	18.9	57.28	55.94	89.90	22.92
1 000～1 999	111	33.2	60.99	59.92	77.91	39.65
2 000～4 999	94	28.1	65.55	65.96	88.94	46.81
≥5 000	66	19.8	67.07	66.54	85.88	52.00
总计	334	100.0	62.77	63.11	89.90	22.92

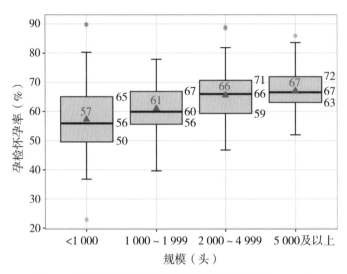

图3.19 不同群体规模孕检怀孕率分布箱线图（*n*=334）

此外，通过分析牧场成母牛配种后首次孕检时孕检天数，得出333个牧场首次孕检天数平均值为35.5天，中位数为34.7天，平均首次孕检天数最大的牧场为72.7天，最小的为28.6天，而孕检怀孕率和首次孕检天数之间的相关关系为0.16，呈现较弱的相关关系，这也说明孕检怀孕率为反映成母牛配后第一个情期发情揭发率的有效指标，但与牧场孕检天数的相关性不高。

第四章 健康关键生产性能现状

　　保证牛群健康是提高牧场盈利能力的关键手段之一。随着生产水平的持续发展，保证牛群的健康也不是仅仅通过药物治疗手段能够达到的，更多牧场是在接受并理解、实施保证牛群健康的综合措施理念的指导下达到的，即牛群的健康是对生产兽医学的思维的接受与科学的实践应用的基础上获得的。对繁殖、乳房健康、精准饲养及营养供给、奶牛舒适度，这些方面管理水平的提高，最终都将转化为死淘率下降、乳房炎发病率的下降及产后代谢病发病率的降低。本章汇总统计分析了样本牛群中的健康指标表现，包括成母牛死淘率，产后30天与60天死淘率，年度乳房炎发病率、产后繁殖、代谢病发病率，以及关联影响牛群健康的平均干奶天数、围产天数、流产率的表现情况及分布范围等指标。

第一节　成母牛死淘率

　　在338个牧场的共计192 327条成母牛死淘记录中，淘汰记录占比达83.0%（159 673/192 327），死亡记录占比17.0%（32 654/192 327），可见死淘牛群中淘汰牛群占主要部分。

　　338个牧场的死淘率分布情况如图4.1所示，可见成母牛死淘率平均值为37%，最大值94.88%，最小值2.41%，中位数35%；成母

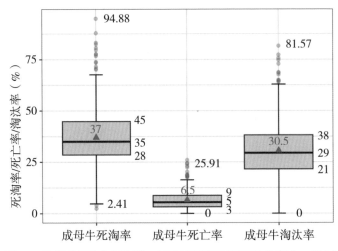

图4.1 牧场成母牛年死淘率、死亡率及淘汰率风险分布（*n*=338）

牛死亡率平均值6.5%，最大值25.91%，最小值0%，中位数5%；成母牛淘汰率平均值30.5%，最大值81.57%，最小值0%，中位数29%。成母牛年死淘率、死亡率及淘汰率计算方法如下。

$$成母牛年死淘率（\%）= \frac{成母牛死亡与淘汰总数}{成母牛年总平均饲养头数} \times 100$$

$$成母牛年淘汰率（\%）= \frac{成母牛淘汰总数}{成母牛年总平均饲养头数} \times 100$$

$$成母牛年死亡率（\%）= \frac{成母牛死亡总数}{成母牛年总平均饲养头数} \times 100$$

对其中316个有主动被动淘汰记录的牧场分析后发现，成母牛主动淘汰占比平均为43.3%，中位数41.8%，四分位数范围30.3%~57.8%（50%最集中牧场的分布情况）。

　　按胎次对死淘牛只进行分组统计结果如图4.2所示，1胎牛占比27.43%，2胎牛占比24.52%，3胎及以上牛只占比48.05%。其中1胎、2胎、3胎及以上淘汰牛只占比均超过死亡牛只占比的3倍以上。

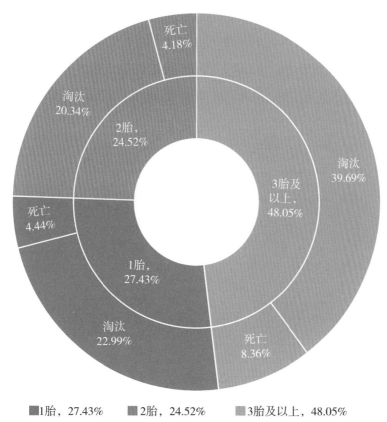

■1胎，27.43%　　■2胎，24.52%　　■3胎及以上，48.05%

图4.2　不同胎次死淘牛只占比情况（*n*=192 327）

　　按死亡、淘汰牛只主要死淘阶段分布情况分析，结果如图4.3所示，192 327头死淘牛只中有27.6%的牛只在产后300天以上淘汰（53 061头），12.4%在产后30天内淘汰（23 807头），5.7%在产后61～90天内淘汰（10 924头）；7.2%在产后60天内死亡（13 930头）。与2022年数据相比，产后300天以上淘汰占比（29.0%）减少1.4个百分点，产后30天内淘汰占比（12.3%）相当，产后60天内死亡占比（8.6%）减少1.4个百分点，表明了产后30天内和产后

300天以上牛只因疾病等原因淘汰减少，牛群健康管理有所提升，产后60天内死亡减少，说明样本牛群产后管理水平得到了提升。

　　不同胎次牛只主要死淘阶段分布情况如图4.3所示，3胎及以上牛只死淘主要发生在产后300天以上（占总死淘12.4%），产后30天内（10.4%），1胎牛、2胎牛死淘主要发生产后300天以上（10.0%、7.8%）。与2022年数据相比，3胎及以上产后300天以上淘汰占比（13.8%）减少1.4个百分点，产后30天内淘汰占比

（a）不同死淘类型

图4.3　不同死淘类型和胎次分组下死淘阶段分布占比（*n*=192 327）

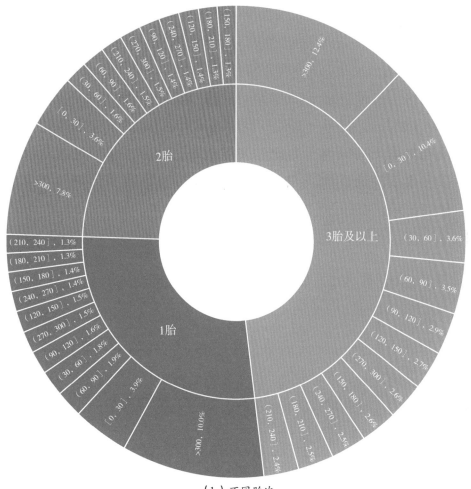

（b）不同胎次

图4.3　（续）

（11.7%）减少1.3个百分点，表明了3胎及以上牛只产后30天内和产后300天以上因疾病等原因淘汰减少，牛群健康管理有所提升。

可见，牛只淘汰主要发生在产后30天内和300天以上，牛只死亡主要发生在产后30天内。具体分析产后300天以上淘汰原因发现，主要原因为低产（15 599头）、不孕症（8 305头）、其他原因（9 194头），以及子宫内膜炎（1 784头）。其中不孕症和低产原因淘汰均为主动淘汰。

产后30天、60天内死淘汰原因将在下节进行主要分析。

对192 327条死淘记录按死淘原因进行分析（图4.4、表4.1），可见占比最高的5种死淘原因依次为低产（19.8%）、乳房炎（5.3%）、不孕症（5.0%）、滑倒卧地不起（劈叉）（4.5%）与肠炎（4.0%），其中"其他"原因占比高达16.1%，主要原因是没有明确具体死淘原因，因此建议在录入记录时，应尽可能地确定牛只发生死淘的具体原因，并录入完整信息，减少模糊性描述，以便为针对性提升方案的制定提供依据。

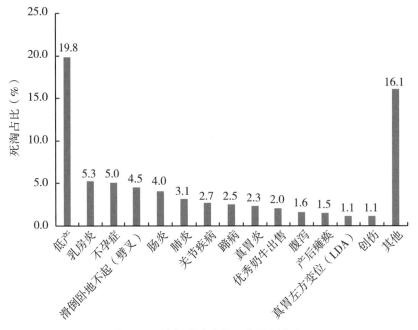

图4.4 死淘记录中主要死淘原因占比

表4.1 死淘原因中占比最高的15种死淘原因的头数及占比

序号	死淘原因	死淘头数（头）	死淘占比（%）
1	低产	38 095	19.8
2	乳房炎	10 151	5.3

（续表）

序号	死淘原因	死淘头数（头）	死淘占比（%）
3	不孕症	9 701	5.0
4	滑倒卧地不起（劈叉）	8 720	4.5
5	肠炎	7 724	4.0
6	肺炎	5 952	3.1
7	关节疾病	5 100	2.7
8	蹄病	4 751	2.5
9	真胃炎	4 379	2.3
10	优秀奶牛出售	3 822	2.0
11	腹泻	2 984	1.6
12	产后瘫痪	2 878	1.5
13	真胃左方变位（LDA）	2 110	1.1
14	创伤	2 060	1.1
15	其他	30 874	16.1
	合计	139 301	72.6

对主要的死亡原因与淘汰原因进行分类统计（图4.5、图4.6），可见占比超过5%的死亡原因为肠炎（7.1%）、滑倒卧地不起（劈叉）（6.0%）、肺炎（5.9%）、真胃炎（5.7%）、乳房炎（5.3%）；占比超过5%的淘汰原因为低产（23.9%）、不孕症（6.1%）和乳房炎（5.3%）。

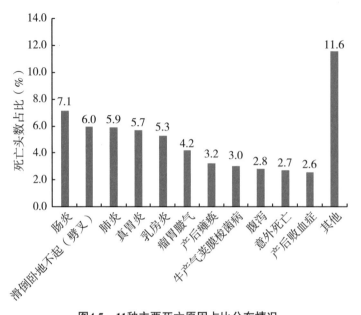

图4.5　11种主要死亡原因占比分布情况

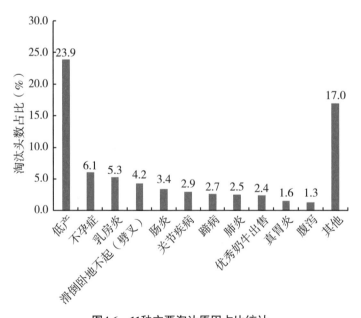

图4.6　11种主要淘汰原因占比统计

第二节 产后30天与60天死淘率

通常泌乳牛在产后第6～12周达到泌乳高峰期，牛只健康地度过产后30天、60天对于奶牛利用价值最大化具有重要的意义，所以成功的产后牛管理策略对于牛群盈利具有重要的意义。产后30天、60天死淘率即为评价产后健康管理方案是否成功的重要指标。

产后30天死淘率，即牛只产犊后30天内的死淘比例，计算方法如下。

$$产后30天死淘率（\%）= \frac{产犊牛产后30（\leq 30）天内死淘事件数}{产犊牛事件总数} \times 100$$

产后60天死淘率，即牛只产犊后60天内的死淘比例，计算方法如下。

$$产后60天死淘率（\%）= \frac{产犊牛产后60（\leq 60）天内死淘事件数}{产犊牛事件总数} \times 100$$

对342个牧场过去一年的产后30天死淘率进行统计分析（图4.7），可见产后30天死淘率平均值为5.5%，中位数为4.7%，四分位数范围3.5%～6.8%（50%最集中牧场的分布情况），最高为33.6%，最低为0.2%。产后30天死亡率中位数1.5%，平均值为1.7%，四分位数范围0.9%～2.2%，最高为16.5%，最低为0%。产后30天淘汰率中位数为3.1%，平均数为3.8%，四分位数范围1.8%～5.1%，最高为33.6%，最低为0%。

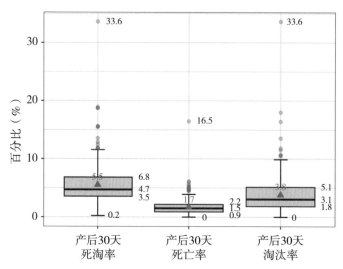

图4.7　各牧场产后30天死淘率、死亡率、淘汰率分布情况（*n*=342）

对产后30天内的死淘原因进行统计，可见最主要的原因包括：产后瘫痪、肠炎、低产、滑倒卧地不起（劈叉）、乳房炎、真胃左方变位（LDA）、肺炎、产后败血症和其他（图4.8）。

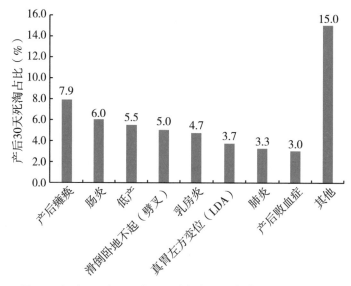

图4.8　产后30天主要死淘原因头数占比分布情况（*n*=18 664）

在死淘数据统计中，我们已经可以发现，产后60天死淘牛只占全部成母牛死淘头数的12.88%（24 763/192 327），其中产后

30天死淘牛只占产后60天死淘牛只75.37%（18 664/24 763）。对342个牧场过去一年的产后60天死淘率进行统计分析（图4.9），可见产后60天死淘率平均值为7.8%，中位数为7%，四分位数范围5.1%~9.3%（50%最集中牧场的分布情况），最高为33.6%，最低为0.2%。产后60天死亡率中位数2.0%，平均值为2.2%，四分位数范围1.1%~3.0%，最高为23.8%，最低为0%。产后60天淘汰率中位数为4.7%，平均数为5.5%，四分位数范围2.8%~7.3%，最高为33.6%，最低为0%。

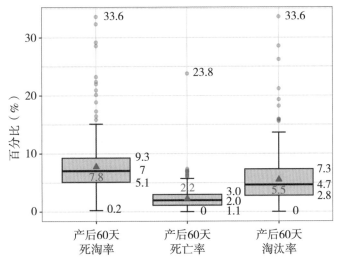

图4.9　各牧场产后60天死淘率、死亡率、淘汰率分布情况（*n*=342）

对产后60天内的死淘原因进行统计分析（图4.10），可见最主要的原因包括：低产、肠炎、产后瘫痪、乳房炎、滑倒卧地不起（劈叉）、真胃左方变位（LDA）和肺炎等。后面的章节我们将对乳房炎和产后代谢疾病分别进行较为深入的分析。

因此，建议牧场应在做好记录的基础上，对死淘率进行针对性的分析，探明引起死淘的主要原因及对主要原因进行排序，以便制定针对性的应对策略，持续降低死淘率。

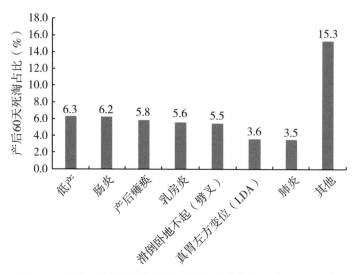

图4.10　产后60天主要死淘原因头数占比分布情况（*n*=24 763）

第三节　年度乳房炎发病率

　　众所周知，乳房炎是一类奶牛乳腺受多种因素影响所致的疾病。研究显示，乳房炎是造成奶牛养殖业经济损失最大的疾病。美国国家乳房炎防治委员会10年前统计因乳房炎平均每年每头奶牛损失超过200美元，乳房炎引起的损失占牛奶生产过程中损失的70%，这尚不包括治疗费、抗奶丢弃、治疗人力成本、淘汰牛和死亡牛。导致乳房炎高发病率的主要原因可归纳为管理不善、挤奶程序不合理及对产奶量不断的追求等方面。

　　计算乳房炎发病率时，我们区分统计了成母牛乳房炎发病率及泌乳牛乳房炎发病率。

$$成母牛乳房炎发病率（\%）= \frac{过去一年乳房炎事件登记头数}{过去一年成母牛平均饲养头日数} \times 100$$

$$泌乳牛乳房炎发病率(\%) = \frac{过去一年泌乳牛乳房炎事件登记头数}{过去一年泌乳牛平均饲养头日数} \times 100$$

计算过程中，同一牛只在同一胎次多次发病算一头，同一牛只在不同胎次发病时以发生的次数分别计为多个头次。

对296个可供乳房炎分析的样本牧场的年度乳房炎发病率进行统计分析（图4.11），可见成母牛乳房炎发病率中位数15%，平均值16.2%，四分位数范围9%~21%（50%最集中牧场的分布情况），最高55.9%，最低0.1%。泌乳牛乳房炎发病率中位数17%，平均值18.6%，四分位数范围10%~24%，最高59.3%，最低0.2%。

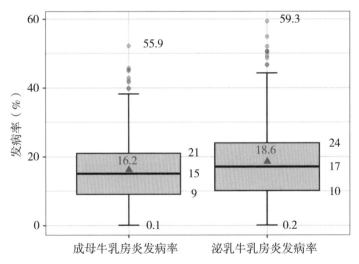

图4.11　牧场年度乳房炎发病率分布情况统计（*n*=296）

第四节　产后繁殖、代谢病发病率

在妊娠阶段，母牛要供给犊牛所需要的一切营养物质，所以自身会保持很高的相关激素水平，采食量下降，并且有可能动用自身的营养物质，导致能量负平衡，这就抑制了母牛自身的防御体系，而产犊时母牛又可能消耗大量能量，就会产生相应的应激反应，导致代谢紊乱，随之而来的就是发生代谢性疾病风险增大，最主要的挑战为低血钙及酮病，由此关联产生的常见繁殖、代谢疾病包括胎衣不下、子宫炎、产后瘫痪、真胃移位等。

产后繁殖、代谢病发病率的计算方法如下。

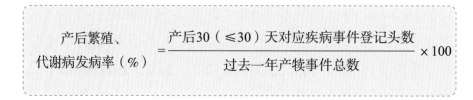

注：同一牛只在同一胎次多次发病算一头，同一牛只在不同胎次发病时以发生的次数分别计为多个头次。

排除数据为0的牧场，对过去一年各产后繁殖、代谢病的发病率进行统计，分析结果如图4.12及表4.2所示。结果可见，采集样本牧场牛只产后有更高的发生胎衣不下及子宫炎的风险。

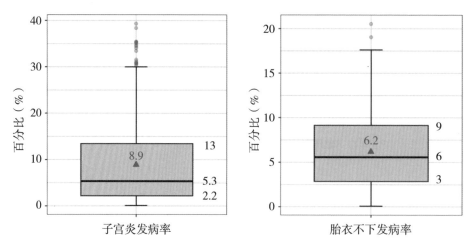

图4.12　各牧场产后繁殖、代谢病发病率统计箱线图

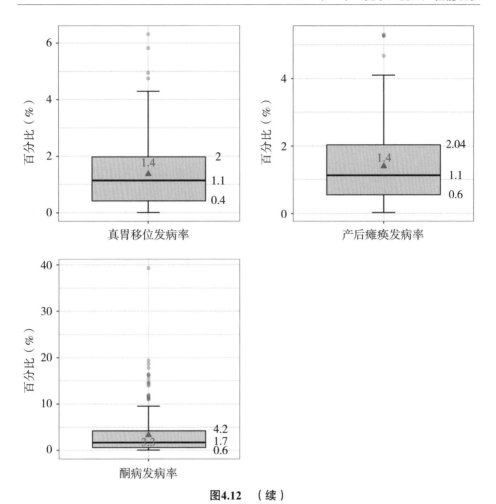

图4.12 （续）

表4.2 各牧场产后繁殖、代谢病发病率统计结果

病名	牧场个数（个）	最大值（%）	最小值（%）	中位数（%）	平均值（%）
真胃移位	237	6.31	0.01	1.14	1.37
产后瘫痪	266	5.30	0.03	1.13	1.39
胎衣不下	286	20.53	0.07	5.57	6.18
酮病	256	39.30	0.05	1.68	3.32
子宫炎	273	39.32	0.09	5.35	8.91

第五节　平均干奶天数及围产天数

　　干奶天数，定义为牛只从干奶到产犊时所经历的天数。围产天数，定义为牛只从进围产到产犊时的天数。

　　成功分娩和实现奶牛价值最大化的关键在于干奶期的成功饲养，其中围产期则起着更加重要的决定性作用。为保证奶牛有足够的营养物质供给犊牛发育，需保证奶牛合理的干奶期及围产期，所以通常需要牧场持续监测及评估牛群的干奶天数及围产天数，这些指标通常可以反映出牛群围产期管理的好坏，并与牛群产后的健康状况显著相关。理想的干奶天数为60天左右，围产天数为21天左右，更多的牛只分布在这个范围之内应是所有牧场追求的目标。由于平均值的局限性，所以平均值仅作为参考，对于不同牛群之间的比较，平均值也仅可作为参考，如果想更好地评估干奶天数或者围产天数是否合理，应该深入查看牛群的围产天数分布范围情况（图4.13）。

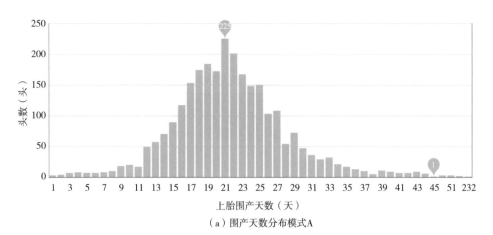

（a）围产天数分布模式A

图4.13　几种不同的围产天数分布模式

（A、B为理想的围产天数分布情况；C、D为不理想的围产天数分布情况）

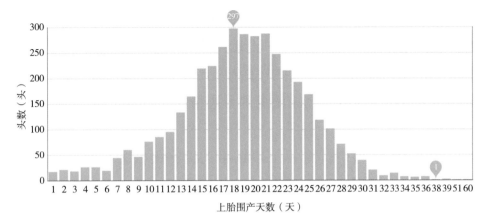

（b）围产天数分布模式B

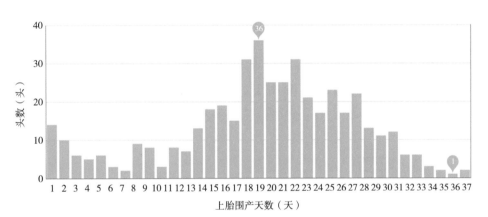

（c）围产天数分布模式C

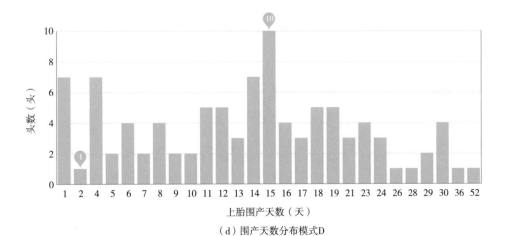

（d）围产天数分布模式D

图4.13 （续）

样本中有311个可进行围产天数分析的牧场。对这些牧场截至2023年12月31日所有在群牛只上胎围产天数平均值进行统计（图4.14），可见平均围产天数中位数24天，平均值24天，四分位数范围21～26天（50%最集中牧场的分布情况），最高45.7天，最低12天。

311个牧场当中，有一个牧场平均围产天数指标最低为11.6天，核查牧场具体原因后发现，该牧场成母牛围产天数参数设置为260天（即怀孕天数达到260天时转围产），但牧场2023年有140条转围产记录（73头青年牛转围产，67头成母牛转围产），多数为集中转围产，且转围产时牛只怀孕天数超过270天的有13头。保证数据记录完整性和准确性的基础上，建议围产天数设置较大的牧场及时转群或适当调整围产天数至255天左右，以保证牛只围产天数在21天左右。

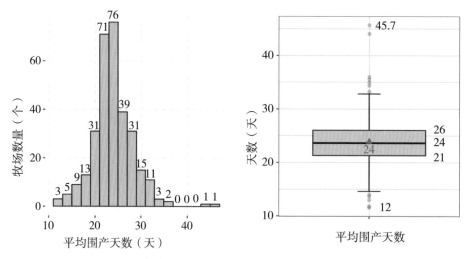

图4.14 各牧场平均围产天数分布情况统计（*n*=311）

出现平均干奶天数过长的状况，通常是由于牧场存在较多的非正常干奶牛，导致统计数字偏大。而出现平均干奶天数过短时，通常是由于牧场存在较大比例的流产牛只或者早产牛只。

样本中有327个可进行干奶天数分析的牧场。对这些牧场截至2023年12月31日所有在群牛只上胎干奶天数平均值进行统计（图4.15），可见平均干奶天数中位数63天，平均值64天，四分位数范围59～67天（50%最集中牧场的分布情况），最高92天，最低23天。

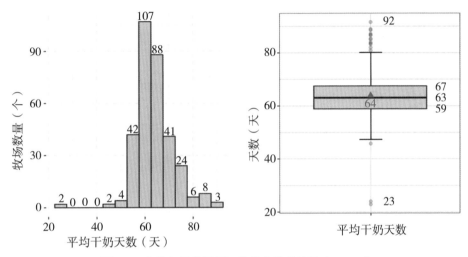

图4.15　各牧场平均干奶天数分布情况统计（ _n_=327 ）

327个牧场当中，有1个牧场平均干奶天数低至23天，核查牧场具体原因后发现，一个牧场全群牛头数在870头左右，干奶天数参数设置均为220天，2023年全年干奶牛只243头，95%干奶牛推后干奶，超过干奶天数参数8天及以上，并且无转围产事件，所以平均干奶天数较低，进一步查看该牧场产后代谢病发病率及产后60天死淘率，发现该牧场疾病事件未进行录入，但产后60天内死亡率较高为8.5%，高于2023年度产后60天死亡率中位数7%和平均值7.8%，核查干奶天数低于40天牛只（225头），8%的牛只产后死淘，其中66.7%的牛只在产后60天内死淘，可见干奶天数较短，对奶牛健康负面影响较大。

第六节　流产率

流产，或称妊娠损失（Pregnant loss），是由于胎儿或者母体的生理过程发生扰乱，或它们之间的正常关系受到破坏，而使妊娠中断，一般指怀孕42～260天的妊娠中断、胎儿死亡。

成母牛流产率（全）[1]，计算方法如下。

$$成母牛流产率（全）（\%）= \frac{成母牛配种事件中配种结果为流产事件数}{成母牛配种事件中配种结果为流产+怀孕总数} \times 100$$

青年牛流产率（全），计算方法如下。

$$青年牛流产率（全）（\%）= \frac{青年牛配种事件中配种结果为流产事件数}{青年牛配种事件中配种结果为流产+怀孕总数} \times 100$$

对335个牧场成母牛流产率（全）和332个牧场青年牛流产率（全）进行分析，结果如图4.16、图4.17所示。成母牛流产率（全）最高为38.4%，最低为0.8%，平均值为15.4%，中位数为15.4%，四分位数范围11%～19%（50%最集中牧场的分布情况）。青年牛流产率（全）最高为30.1%，最低为0.6%，平均值为7.7%，中位数为7%，四分位数范围5%～10%（50%最集中牧场的分布情况）。

---

[1]　全为包含复检空怀的意思，是为了与系统保持一致。

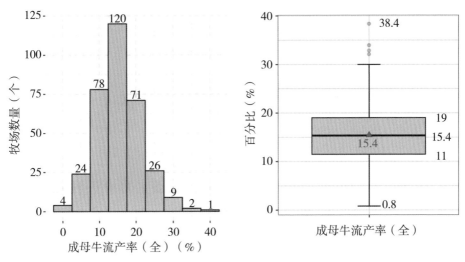

图4.16 牧场成母牛流产率（全）分布情况统计（*n*=335）

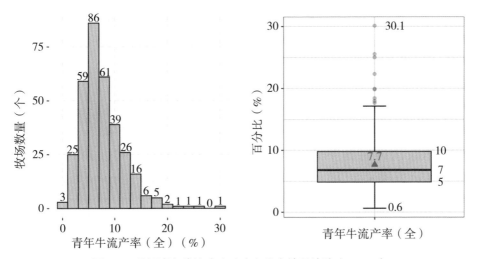

图4.17 牧场青年牛流产率（全）分布情况统计（*n*=332）

61

第五章 后备牛关键繁育性能现状

后备牛（青年牛）是牧场的未来，后备牛繁育表现好坏，决定了牧场的成母牛群能否得到及时的补充，并且后备牛繁育效率的高低直接决定了牧场的后备牛成本。本章对后备牛繁殖管理中常见的指标，诸如后备牛21天怀孕率、青年牛配种率、青年牛受胎率、青年牛平均首配日龄、青年牛平均受孕日龄、17月龄未孕比例等指标分别进行了统计分析并加以说明。

第一节　后备牛21天怀孕率

排除没有后备牛及后备牛资料不全的牧场，对过去一年310个牛群的后备牛21天怀孕率进行统计分析，其分布情况如图5.1所示。

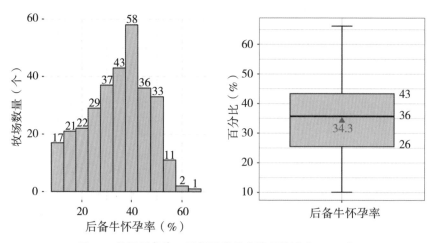

图5.1　牧场后备牛21天怀孕率分布情况统计（n=310）

平均值为34.3%，中位数为36%，四分位数范围26%～43%（50%最集中牧场的分布情况）高于2022年度（怀孕率平均值为32.0%，中位数为32%）。

对不同规模牧场的后备牛21天怀孕率表现进行分组统计分析（表5.1），可以发现，不同全群规模分组中，后备牛怀孕率变化情况与成母牛基本一致，即牧场规模越大，平均怀孕率水平则越高，反映出大型牧场相对完善的繁育流程、相对标准的操作规程及生产一线较高的执行能力。当然，同时也表明中小牧场在繁育提升方面有较大的空间。

表5.1 不同群体规模牧场后备牛21天怀孕率统计结果（*n*=310）

全群规模（头）	牧场数量（个）	牧场数量占比（%）	平均值（%）	中位数（%）	最大值（%）	最小值（%）	标准差（%）
<1 000	50	16.1	25.04	22.20	52.22	11.09	10.58
1 000～1 999	105	33.9	31.64	32.20	56.15	10.09	10.87
2 000～4 999	90	29.0	35.88	37.65	55.28	10.11	10.21
≥5 000	65	21.0	43.50	46.17	66.16	12.68	10.80
总计	310	100.0	34.29	35.72	66.16	10.09	12.14

第二节 青年牛配种率

对332个样本牛群的青年牛配种率进行统计分析，其青年牛配种率分布情况如图5.2所示。平均值为55.9%，中位数为60%，四分位数范围39%～74%（50%最集中牧场的分布情况），最大值为89.4%，最小值为10.5%。可见，不同牛群之间青年牛配种率范围为10%～90%，牧场之间的差异巨大，表现出不同牛场在青年牛繁育管理方面存在极大的差别，且有巨大的提升空间。

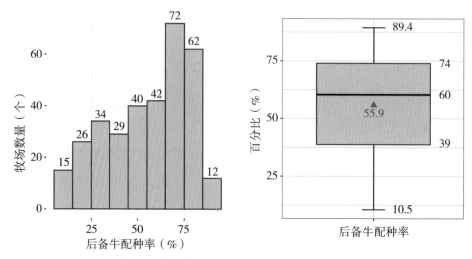

图5.2　牧场青年牛配种率分布情况（*n*=332）

配种率超过70%的共有110个牧场，其平均怀孕率可达45.9%，高配种率为高怀孕率提供了保障。

但在这110个牧场中，一个配种率较高的牧场其怀孕率却比较低（配种率为70%，受胎率为32.5%，怀孕率为24.6%），究其原因，主要是配种方式中自然发情（803头）和同期处理（91头）方式的受胎率较低，分别为34%、25%，建议青年牛参配前严格进行评估是否达到参配标准，以此来准确制定青年牛主动停配期；因发情监测设备成本较高，建议降低成本，结合青年牛同期发情流程的修订和执行，在青年牛最佳的发情时间进行配种，以提高配种受胎率。

对不同群体规模的青年牛配种率表现进行分组统计（表5.2），可以发现，不同规模牧场分组中，牧场规模越大，平均配种率水平则越高。这一结果与怀孕率表现情况基本一致，同样反映出大型牧场相对完善的繁育流程、相对标准的操作规程和相对到位的生产一线执行能力。各分组配种率最大值反映出，优秀的配种率表现与群体规模并无显著性相关关系，任何规模的群体均有取得优秀的配种率表现的机会。

表5.2　不同群体规模牧场青年牛配种率统计结果（ *n*=332 ）

全群规模 （头）	牧场数量 （个）	牧场数量占比 （%）	平均值 （%）	中位数 （%）	最大值 （%）	最小值 （%）	标准差 （%）
<1 000	62	18.7	38.18	37.19	77.39	10.61	18.00
1 000～1 999	111	33.4	53.17	54.05	84.39	11.69	20.08
2 000～4 999	94	28.3	59.81	66.33	86.67	10.48	19.16
≥5 000	65	19.6	71.77	75.95	89.43	11.22	16.44
总计	332	100.0	55.89	60.38	89.43	10.48	21.61

第三节　青年牛受胎率

对327个牧场的青年牛受胎率进行统计分析（图5.3）。所有牧场中，青年牛受胎率平均为56.1%，中位数为56%，四分位数范围52%～60%（50%最集中牧场的分布情况），最高为79%，最低为19.3%。由图5.3中可以发现，青年牛受胎率表现的分布情况基本近似正态分布，以5%距离作为横坐标进行分析，可见大多数的牧场受胎率分布于55%～60%，青年牛相对较高的受胎率，为青年牛取得高怀孕率提供了可能（青年牛怀孕率最高的牧场可达59%）。通过数据分析可见，当一个牧场同时拥有超过60%的受胎率和超过60%的配种率时，保证青年牛群超过36%的怀孕率就成为可能。

对不同群体规模的青年牛受胎率表现进行分组统计（表5.3），可以分析出不同规模分组的平均受胎率并无显著差异，表明影响青年牛怀孕率高低的最主要因素为配种率的差异。同时通过数据可以反映出，规模越大的牧场，组内的差异相对越小（标准差最小），表明大型牧场相对规范的繁育操作流程和科学管理的实施效果。

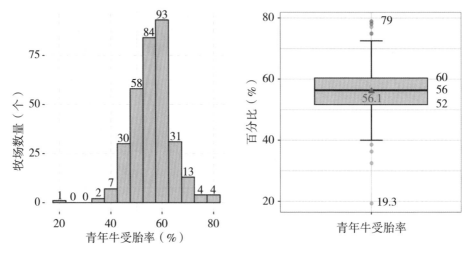

图5.3　青年牛受胎率分布情况（*n*=327）

表5.3　不同群体规模的受胎率表现（*n*=327）

全群规模 （头）	牧场数量 （个）	牧场数量占比 （%）	平均值 （%）	中位数 （%）	最大值 （%）	最小值 （%）	标准差 （%）
<1 000	61	18.7	53.13	53.23	75.00	19.33	9.56
1 000～1 999	108	33.0	56.43	55.80	78.95	32.52	8.26
2 000～4 999	91	27.8	56.80	56.69	78.93	43.09	6.84
≥5 000	67	20.5	57.33	57.69	72.55	43.60	5.53
总计	327	100.0	56.10	56.34	78.95	19.33	7.81

第四节　青年牛平均首配日龄

青年牛平均首配日龄可反映出牧场后备牛饲养情况及首次配

种的策略，计算方法为截至当日青年牛中所有有配种记录的平均首配日龄。对320个样本牧场的平均首配日龄进行统计（图5.4）分析，结果可见所有牧场的平均首配日龄平均为423天，中位数418天，换算为月龄约为13.8月龄进行首次配种，四分位数范围409～433天（为13.5～14.2月龄）。

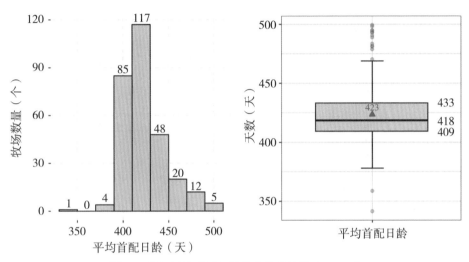

图5.4　牧场平均首配日龄分布情况统计（n=320）

对其中318个牛群青年牛主动停配期分析发现，青年牛主动停配期参数设置最大值451天，最小值360天，平均值为412天，中位数410天，青年牛主动停配期平均值低于首配日龄均值，两指标之间差值平均值为11.8天，也就是实际生产中青年牛首配日龄较主动停配期长12天。因此，建议牧场根据青年牛实际生长发育表现，进行牛只参配前体高及体重测量，及时调整青年牛主动停配期设置，以保证青年牛在主动停配期前后及时配种。

第五节　青年牛平均受孕日龄

青年牛平均受孕日龄可用来反映牧场已孕后备牛群的繁殖效

率以及对于首次产犊时日龄的影响，计算方法为所有在群怀孕后备牛怀孕时日龄的平均值。对330个牧场的平均受孕日龄进行统计（图5.5），结果可见所有牧场的平均受孕日龄平均为455天（15.1月龄），中位数446天（14.7月龄），四分位数范围430～470天（为14.1～15.5月龄）。

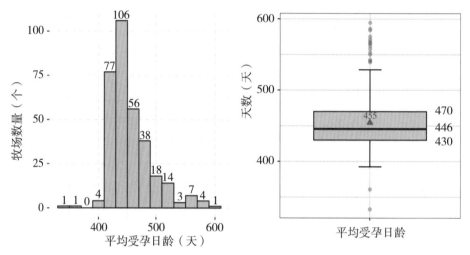

图5.5　牧场平均受孕日龄分布情况统计（*n*=330）

第六节　17月龄未孕比例

通过对平均受孕日龄的统计可以发现，分布最密集的50%牧场平均受孕日龄在430～470天（为14.1～15.5月龄）。据此部分样本推算：一个盈利能力处于平均水平的牧场，其在17月龄时，大多数青年牛牛群应当都处于怀孕状态，超过17月龄未怀孕的比例即可认为是繁育问题牛群比例或繁殖方案不理想的评估指标，17月龄未孕比例的计算方法如下。

$$17月龄未孕比例（\%）=\frac{\geqslant17月龄未孕牛只总数}{\geqslant17月龄牛只总数}\times100$$

注：此处月龄计算时以牛只自然月龄为准。

对截至当前322个牧场的17月龄未孕占比进行统计（图5.6），结果显示17月龄未孕占比平均为12.9%，中位数8%，四分位数范围4%～16%（50%最集中牧场的分布情况）。

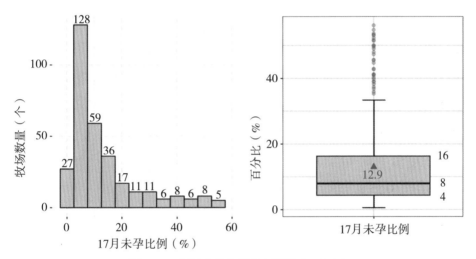

图5.6　17月龄未孕比例分布情况（*n*=322）

第六章 后备牛关键生产性能现状

后备牛的健康与生长发育对牧场未来的发展起到至关重要的作用。不论成母牛当前生产与繁育水平有多高，但随着时间的延长，成母牛终将被淘汰或死亡，优秀的后备牛将继承成母牛优良的基因，在牧场标准化的管理、饲养与健康护理下，继续发挥着高水平的产奶与繁殖性能。因此，牧场应对后备牛的生产性能现状给予充分的关注。

本章选取后备牛饲养管理（包括产房的管理）中最关键的几个参考指标进行了统计分析，包括60日龄死淘率、60～179日龄死淘率、育成牛死淘率和青年牛死淘率（具体分析了各阶段死淘原因）、死胎率（具体区分出了头胎牛及经产牛死胎率差异）、日增重（包括断奶日增重、转育成日增重、转参配日增重），并就60日龄肺炎及腹泻发病率进行了较为深入的分析和说明。

第一节 60日龄死淘率

后备牛的损失主要发生在哺乳犊牛阶段。牛只从出生到断奶阶段，处于正在建立自身免疫系统、完善消化系统以及适应外界环境的重要阶段，通常牛只顺利断奶后直到配种前，几乎不会发生死亡淘汰情况，所以哺乳犊牛饲养阶段就成为异常关键的阶段。因为牛只出生后通常在55～70日龄进行断奶，所以笔者以60日龄进行划分，假设60日龄以内牛只均处于哺乳犊牛阶段，并且重点针对60日龄犊牛的死淘情况进行追踪分析（图6.1，后备牛死淘占比中，60日龄以内占比高达22.6%）。

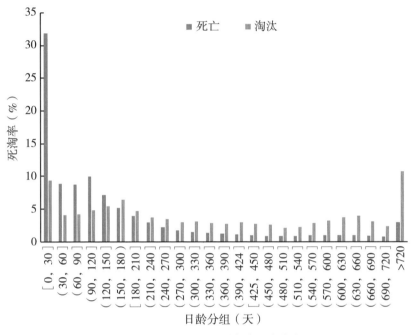

图6.1 不同日龄分组下后备牛死淘率占比

对于犊牛死淘率的计算方法，通常包括基于月度饲养头数、基于月度出生头数或月度死亡头数3种计算方法。所以在评估该指标时，明确计算方法非常重要，可以保证不同使用者沟通时处于同一维度。

一牧云根据数据可追溯及可挖掘的原则，60日龄死淘率计算方法基于犊牛出生日期，即当月出生的犊牛，在其超过60日龄前死淘的比例（因基于出生日期进行追踪，所以在统计该指标时，会有2个月的滞后性）。

具体的计算公式如下：

$$60日龄死淘率（\%）= \frac{过去一年留养母犊60日龄内死淘率}{过去一年产犊留养母犊总数} \times 100$$

对325个牧场过去一年的60日龄死淘率进行统计分析（图6.2），可见60日龄死淘率均值为8.2%，中位数为5.4%，四分位数范围3.3% ~ 8.9%（50%最集中牧场的分布情况）。其中60日龄淘汰率平均值为3.2%，中位数为0.6%，四分位数范围0% ~ 2.3%；60日龄死亡率平均值为5%，中位数为3.8%，四分位数范围2.1% ~ 6.3%。从统计结果可以发现，60日龄死亡率及淘汰率均处于一种偏态分布的状态，即多数牧场都处于较低的水平，但存在一部分牧场指标远超统计范围内的离群点，而这些离群点将平均值带到了较高水平。同时，根据箱线图统计结果可见，犊牛60日龄内的损失，死亡损失占比更高一些，淘汰牛只相对占比较低。

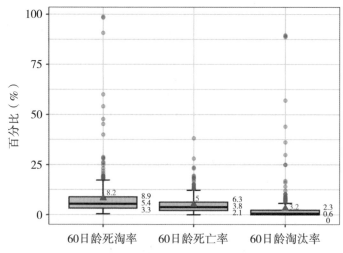

图6.2　牧场60日龄死淘率、死亡率、淘汰率情况统计分析（*n*=325）

按哺乳犊牛死亡、淘汰主要阶段分布情况如图6.3所示，22 371头死淘牛只中有60.4%的牛只为死亡，39.6%的牛只为淘汰，其中47.2%的为哺乳犊牛在30日龄以内的死亡（10 557头），

27.6%的哺乳犊牛在30日龄以内淘汰（6 185头）。

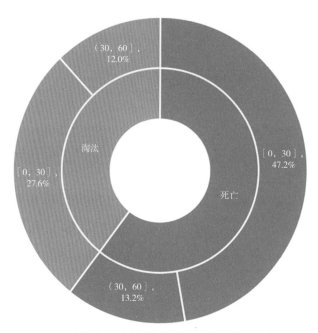

图6.3 哺乳犊牛不同死淘类型下主要阶段分布占比

对22 371条哺乳犊牛死淘记录按死淘原因进行分析（图6.4），可见占比最高的5种死淘原因分别为腹泻（16.49%）、优秀奶牛出售（12.46%）、肺炎（10.89%）、肠炎（8.94%）与

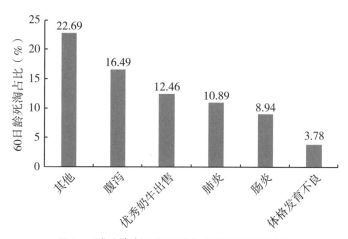

图6.4 哺乳犊牛死淘记录中主要死淘原因占比

体格发育不良（3.78%），其中"其他"原因占比高达22.69%，主要原因是没有具体死淘原因，因此，笔者强烈建议在做基础记录时，应尽量确定牛只死淘的真正原因，并尽可能地完整录入，以便为后续的改善提供更加明确的指向。

第二节　60～179日龄死淘率

60～179日龄死淘率可以直接反映出断奶后犊牛死亡、淘汰情况，结合死淘原因分析，可以挖掘出断奶后牛只死淘主要是由于哪些原因或疾病导致。从而为牧场提供断奶后60～179日龄的管理关注重点。

60～179日龄死淘率，计算方法如下。

$$60{\sim}179日龄死淘率（\%）= \frac{过去一年死淘时日龄在60{\sim}179日龄牛头数}{过去一年60{\sim}179日龄（断奶犊牛）平均饲养头日} \times 100$$

对308个牧场过去一年的60～179日龄死淘率进行统计分析（图6.5），可见60～179日龄死淘率平均值为22.5%，中位数为16%，四分位数范围10%～29%（50%最集中牧场的分布情况）。其中60～179日龄淘汰率平均值为10.4%，中位数为5%，四分位数范围1%～11%（50%最集中牧场的分布情况）；60～179日龄死亡率平均值为12.1%，中位数为9%，四分位数范围5%～16%（50%最集中牧场的分布情况）。

按断奶犊牛死亡、淘汰主要阶段分布情况分析，结果如图6.6所示，24 101头死淘牛只中有42.8%的牛只为死亡，57.2%的牛只为淘汰，其中25.7%的断奶犊牛在60～120日龄以内死亡（6 205头），17.1%的断奶犊牛在120～179日龄以内死亡（4 110头），32.5%的断奶犊牛在120～179日龄以内淘汰（7 824头）。

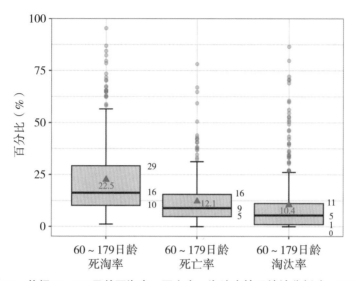

图6.5　牧场60～179日龄死淘率、死亡率、淘汰率情况统计分析（*n*=308）

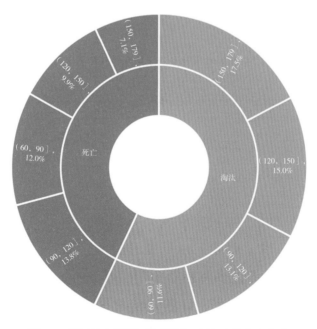

图6.6　断奶犊牛不同死淘类型下主要阶段分布占比

对24 101条断奶犊牛死淘记录按死淘原因进行统计分析（图6.7），显示占比最高的5种死淘原因依次为肺炎（24.1%）、优秀奶牛出售（20.3%）、瘤胃臌气（7.5%）、体格发育不良（6.7%）与肠炎（4.7%），其中"其他"原因占比高达17.8%，主要原因是没有具体死淘原因，可见录入信息的准确到位对生产实践中的改善发挥着至关重要的作用。

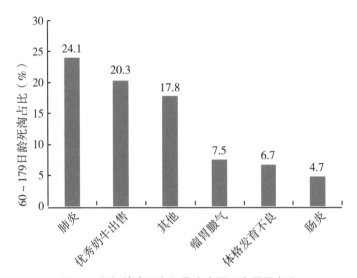

图6.7 断奶犊牛死淘记录中主要死淘原因占比

第三节 育成牛死淘率

一般情况下，度过哺乳期和断奶期的犊牛，成为育成牛后，死淘率都相对较低，如果出现较高死淘率，就需要核实育成牛管理在哪些环节出现了问题，从而通过管理或技术手段加以补救，以避免在育成期死淘过多和控制前期生产成本。

180～424日龄死淘率，计算方法如下。

$$180 \sim 424 日龄死淘率（\%）= \frac{\dfrac{过去一年死淘时日龄}{在180 \sim 424日龄牛头数}}{\dfrac{过去一年180 \sim 424日龄（育成牛）}{平均饲养头日}} \times 100$$

对314个牧场过去一年育成牛死淘率进行统计分析（图6.8），可见育成牛死淘率的平均值为13%，中位数为7%，四分位数范围4%～13%（50%最集中牧场的分布情况）。

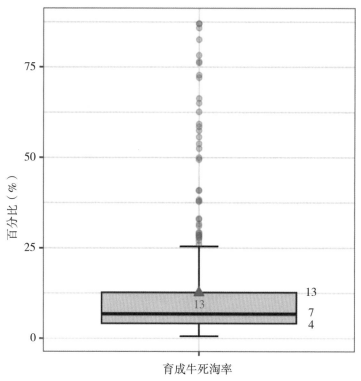

图6.8　牧场育成牛死淘率统计分析（*n*=314）

按育成牛死亡、淘汰主要阶段分布情况分析（图6.9），22 683头死淘牛只中有76.5%的牛只为淘汰，23.5%的牛只为死亡，其中13.6%的育成牛在180～210日龄淘汰（3 092头），5.8%

的育成牛在180～210日龄死亡（1 315头）。

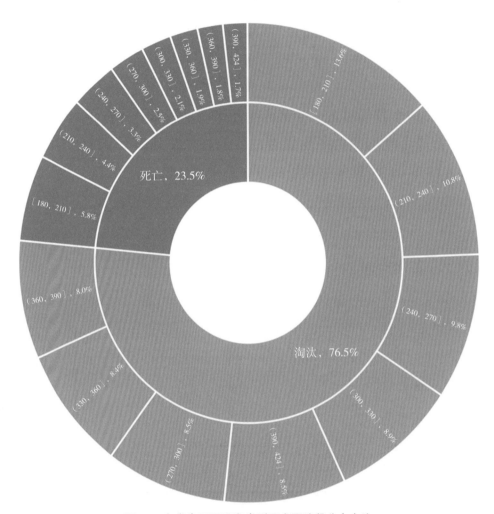

图6.9 育成牛不同死淘类型下主要阶段分布占比

对22 683条育成牛死淘记录按死淘原因进行统计（图6.10），可见占比最高的5种死淘原因依次为优秀奶牛出售（30.4%）、肺炎（13.2%）、体格发育不良（7.2%）、关节疾病（4.7%）与瘤胃臌气（2.8%），其中"其他"原因占比高达23.8%，并没有具体死淘原因的详细描述。

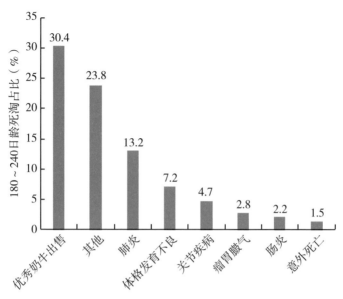

图6.10　育成牛死淘记录中主要死淘原因占比

第四节　青年牛死淘率

青年牛，即将配种或已经配种怀孕或空怀的牛，无论处于什么状态下，这批青年牛多数都将是未来一年或半年以后为牧场开始创造价值的头胎泌乳牛，担负着给予牧场更换新鲜血液的职责。这阶段牛只的死淘率应较低，繁殖率应较高（如配种率、受胎率），为冲刺第一次产犊做好充足的准备。

425日龄以上青年牛死淘率，计算方法如下。

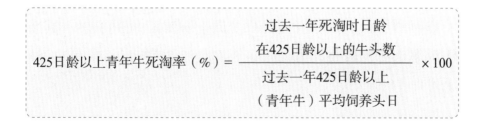

$$425日龄以上青年牛死淘率（\%）= \dfrac{\begin{array}{c}过去一年死淘时日龄\\ 在425日龄以上的牛头数\end{array}}{\begin{array}{c}过去一年425日龄以上\\ （青年牛）平均饲养头日\end{array}} \times 100$$

对336个牧场过去一年青年牛死淘率进行统计分析（图6.11），可见青年牛死淘率平均值为18%，中位数为13%，四分位数范围7.7%～21%（50%最集中牧场的分布情况）。

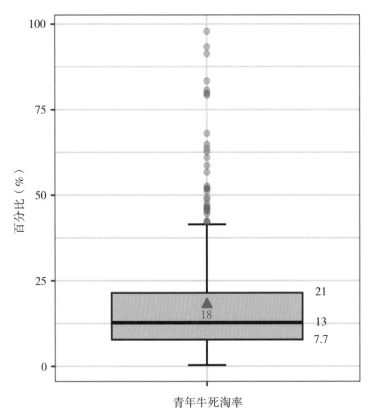

图6.11　牧场青年牛死淘率统计分析（*n*=336）

按青年牛死亡、淘汰主要阶段分布情况分析（图6.12），30 001头死淘牛只中有86.5%的牛只为淘汰，13.5%的牛只为死亡，其中23.5%的青年牛在720日龄以上淘汰（7 038头），其余阶段淘汰率也占比较高，为4.7%～8.7%，3.2%的青年牛在720日龄以上死亡（966头）。

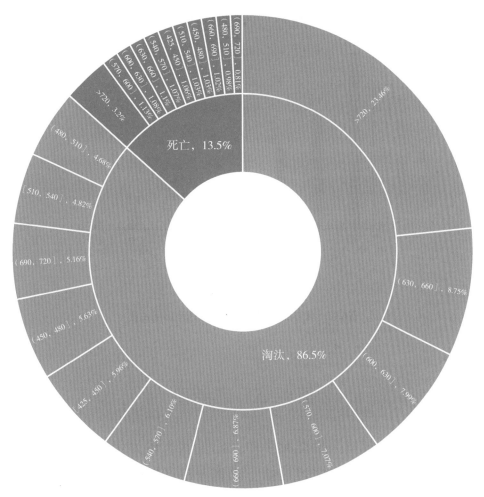

图6.12 青年牛不同死淘类型下主要阶段分布占比

对30 001条青年牛死淘记录按死淘原因进行统计（图6.13），可见占比最高的5种死淘原因依次为优秀奶牛出售（17.1%）、不孕症（11.5%）、肥胖奶牛综合征（6.3%）、体格发育不良（5.1%）、关节疾病（3.1%）与肺炎（3.1%），其中"其他"原因占比高达25.3%，主要原因是没有具体死淘原因。

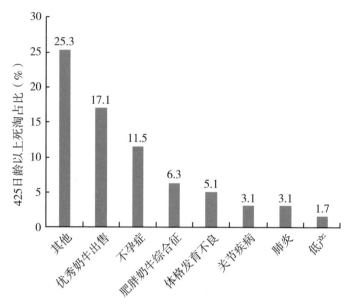

图6.13　青年牛死淘记录中主要死淘原因占比

第五节　死胎率

死胎率，即母牛所产犊牛中，出生状态即为死亡犊牛比例。死胎率通常可反映的内容包括干奶期及围产期的饲养管理水平，产房的接产流程及接产水平。死胎率计算方法为所有出生犊牛中状态为死胎的比例。

对322个牧场的死胎率进行统计分析（图6.14），结果可见全群死胎率平均值为9.2%，中位数为8%，四分位数范围5%～11%（50%最集中牧场的分布情况）。头胎牛死胎率平均为10.7%，中位数为8%，四分位数范围5%～14%（50%最集中牧场的分布情况）；经产牛死胎率平均为8.5%，中位数为7%，四分位数范围5%～11%（50%最集中牧场的分布情况）。统计结果表明，头胎牛死胎率相较经产牛死胎率平均高约2.2%（10.7%比8.5%），提示实际饲养过程中，青年牛首次产犊前，要有更长的围产期，以及接产时应给予更加高的关注。

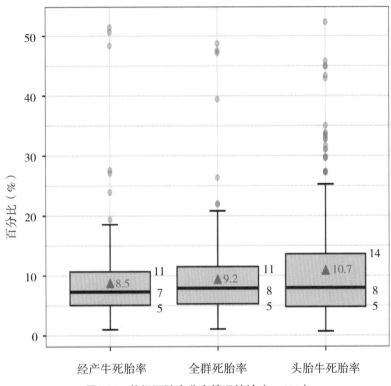

图6.14　牧场死胎率分布情况统计（*n*=322）

第六节　肺炎发病率

犊牛早期的疾病不仅影响其福利、健康和生长，且额外的管理、治疗、生长速度减慢和死亡都会造成牧场盈利水平的下降。研究表明，犊牛出现肺炎特征，对其犊牛期的存活率，以及未来的繁殖性能和生产性能都会产生长期的负面影响。

60日龄肺炎发病率，计算方法如下。

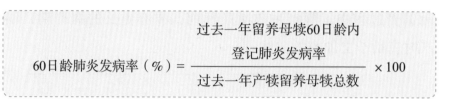

$$60日龄肺炎发病率（\%）= \frac{过去一年留养母犊60日龄内登记肺炎发病率}{过去一年产犊留养母犊总数} \times 100$$

对240个有肺炎登记的牧场作统计分析（该结果也仅供参考，实际生产中肺炎的发病率可能更高）。结果表明，肺炎发病率平均值为12.8%，中位数为8%，最大值为59.8%，最小值为0.1%（图6.15）。

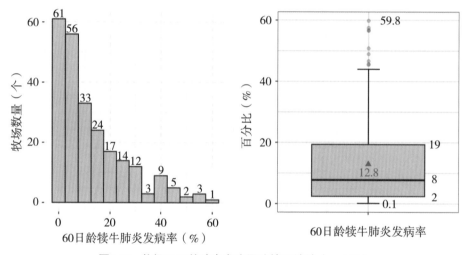

图6.15　牧场60日龄肺炎发病风险情况统计（*n*=240）

第七节　腹泻发病率

犊牛腹泻是奶牛场面临的最主要健康问题之一，也是导致犊牛死亡的重要原因之一。犊牛腹泻往往不是单一性疾病，而是多种病因综合引发的临床症候群。犊牛腹泻主要发生在产后第一个月内，所以，关注犊牛腹泻发病率具有重要的实践意义。

60日龄犊牛腹泻发病率，计算方法如下。

$$60日龄腹泻发病率（\%）= \frac{过去一年留养母犊60日龄内腹泻发病率}{过去一年产犊留养母犊总数} \times 100$$

对有腹泻登记的216个牧场进行统计，其腹泻发病率情况如图6.16所示，可见腹泻发病率平均值为18.2%，中位数为13%，最大值为58.7%，最小值为0.1%。

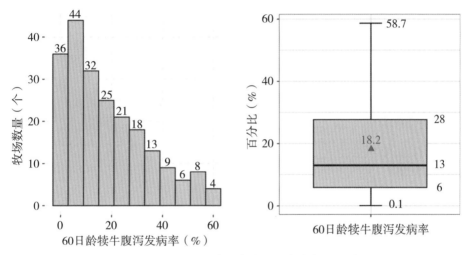

图6.16　牧场60日龄腹泻发病风险统计（n=216）

第八节　初生重与日增重

初生重是犊牛出生时的初始体重。这一重量的测量至关重要，一是可以了解出生犊牛体重是否过轻或超重，二是关系到今后各阶段日增重的计算和饲养策略的制定等。

对有犊牛初生重登记的343个牧场筛选初生重5～70千克范围内的犊牛进行统计，由表6.1可发现犊牛初生重平均值为37.6千克，标准差6.6千克。公犊初生重39.7千克，高出母犊初生重36.5千克的约

3.2千克。公犊初生重标准差也大于母犊的（7.2千克比5.9千克）。

表6.1　不同性别犊牛初生重描述性统计

性别	平均值（千克）	标准差（千克）	头数（头）	最大值（千克）	最小值（千克）
母犊	36.5	5.9	408 319	70	5
公犊	39.7	7.2	230 148	70	5
总计	37.6	6.6	638 467	70	5

　　由图6.17可以发现，犊牛初生重基本呈正态分布，多数犊牛初生重范围30～45千克。过重牛只（初生重超过50千克）占比较少，但过轻牛只（初生重低于25千克）占比较多。

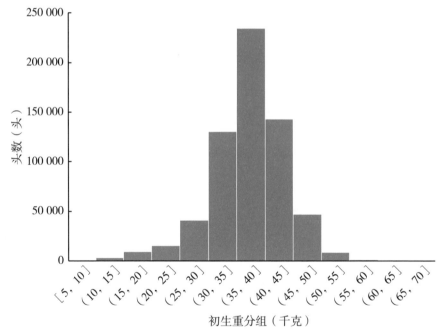

图6.17　犊牛初生重分布直方图

　　由图6.18可以发现不同出生月份犊牛初生重存在差异，2023年1—3月和12月出生的犊牛初生重相对较高（公犊初生重≥40.0千克，母犊初生重≥36.0千克），但4—11月出生的犊牛初生重相对较低，最高、最低初生重月份间差异公犊达1.5千克，母犊达1.4千克。推测可能的原因是怀孕母牛在妊娠后期（胎儿发育最快的时期）经历热应激期6—8月，受热应激影响，采食量减少，导致妊娠期营养供给相对较低，犊牛发育较差，尤其8月出生犊牛，呈现公犊、母犊初生重均最低的现象，原因可能是怀孕母牛妊娠后期经历了热应激较为严重的时期。

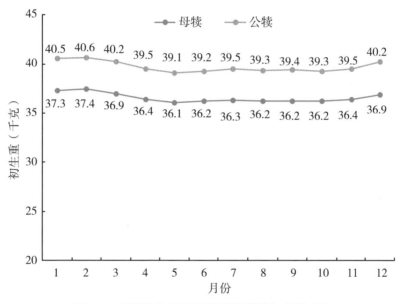

图6.18　不同出生月份和不同性别犊牛初生重对比

日增重是后备牛管理中最重要的关键指标之一。从出生到断奶阶段、断奶到育成阶段、育成到青年（参配）阶段，牛只生长发育至关重要，只有后备牛群体处于良好的生长发育状态，疾病发病率才会降低，也能为之后的泌乳牛群打下坚实的基础。特别提醒，此处的日增重是指某一阶段体重减去初生重之后再除以犊牛日龄所得的值，而非相邻的两个称重阶段之间的日增重。

断奶日增重，计算方法如下。

$$断奶日增重 = \frac{[50，90]日龄间称重时体重 - 初生重}{称重日期 - 出生日期}$$

转育成日增重计算方法如下。

$$转育成日增重 = \frac{[150，210]日龄间称重时体重 - 初生重}{称重日期 - 出生日期}$$

转参配日增重计算方法如下。

$$转参配日增重 = \frac{[360，420]日龄间称重时体重 - 初生重}{称重日期 - 出生日期}$$

对有断奶称重登记的207个牧场进行统计，分析结果如图6.19，可见断奶日增重平均为859克/天，中位数为858克/天，最大值为1 159克/天，最小值为463克/天。

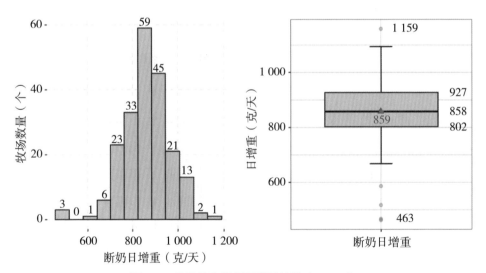

图6.19 牧场犊牛断奶日增重统计（*n*=207）

对有转育成称重登记的138个牧场进行统计，分析结果如图6.20所示，可见出生至转育成日增重平均值为953克/天，中位数为973克/天，最大值为1 255克/天，最小值为429克/天。

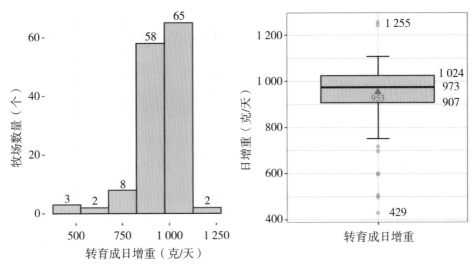

图6.20　牧场转育成日增重统计（*n*=138）

对有转参配称重登记的110个牧场进行统计，分析结果如图6.21所示，可见出生至转参配日增重平均值为916克/天，中位数为920克/天，最大值为1 117克/天，最小值为667克/天。

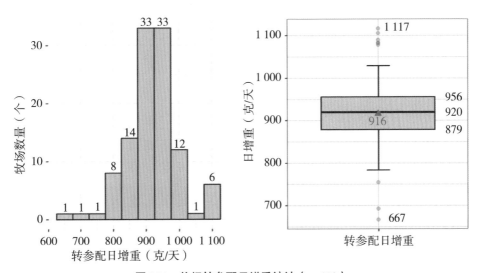

图6.21　牧场转参配日增重统计（*n*=110）

第七章 产奶关键生产性能现状

牧场的生产管理水平最终通过牧场的产奶量展示。产奶量是牧场盈利能力及生产管理水平的终极评价标准。本章重点对样本牛群的平均单产（成母牛、泌乳牛）、高峰泌乳天数、高峰产奶量及305天成年当量等现状进行分析。

第一节 平均单产

在奶牛场生产数据的统计过程中，产奶量的数据来源众多，主要包括手动测产（DHI测产）、自动化挤奶软件自动测产，以及每天奶罐记录到的总奶量，均可以用来计算牧场牛群单产。因奶厅测产基本已成为牧场的标准配置，本次我们主要统计了奶厅数据源记录奶量进行分析。对于平均单产的计算方式，在此也进行说明。

成母牛平均单产：所有泌乳牛的日产奶量总和除以全群成母牛头数（含干奶牛），这样计算的目的在于将牧场的整个成母牛群作为一个整体进行评估，原因在于干奶牛虽然不产奶，但其处于成母牛泌乳曲线循环内的固定环节，属于正常运营牧场成本的一部分，且其采食量基本等于成母牛的平均维持营养需要，计算成母牛平均单产的意义是全面评估牧场盈利能力。

　　泌乳牛平均单产：所有泌乳牛的日产奶量总和除以全群泌乳牛头数，计算得到的为泌乳牛平均单产，泌乳牛平均单产主要反映出牛群在对应的泌乳天数是否能发挥其应有产奶潜能，同时也是反映牧场管理水平的重要指标（表7.1）。从已有样本中，我们共筛选获得256个牧场有测产数据的导入与持续更新，对其产奶量数据进行统计，其结果如图7.1所示。结果可见成母牛平均单产的平均值为28.9千克，最高为50.86千克；泌乳牛平均单产的均值为33.1千克，最高值为56.8千克。成母牛单产及泌乳牛单产的差异平均值为4.2千克，差异最大的牧场差异为7.55千克，差异最小的牧场差异为0千克。所以在统计平均单产时明确计算方法有重要的意义。

表7.1　牧场区域分布及平均单产表现（*n*=256）

区域	牧场数量（个）	成母牛平均单产（千克）	泌乳牛平均单产（千克）
宁夏回族自治区	76	29.6	33.9
黑龙江省	44	27.4	31.8
新疆维吾尔自治区	21	26.0	29.7
甘肃省	19	29.2	32.9
河北省	15	32.3	36.8
内蒙古自治区	14	29.3	33.7
北京市	10	28.0	31.4
山东省	9	32.0	36.4
江苏省	9	31.6	36.0
云南省	8	26.3	30.6
陕西省	6	31.6	36.4
广东省	5	24.8	28.5
广西壮族自治区	4	26.2	30.1
安徽省	4	32.4	37.6

（续表）

区域	牧场数量（个）	成母牛平均单产（千克）	泌乳牛平均单产（千克）
四川省	3	25.1	29.0
河南省	2	29.0	34.7
山西省	2	29.1	31.6
贵州省	1	23.2	28.1
福建省	1	34.1	39.1
天津市	1	32.6	37.0
浙江省	1	29.1	33.1
湖南省	1	23.1	26.3
总计	256	28.9	33.1

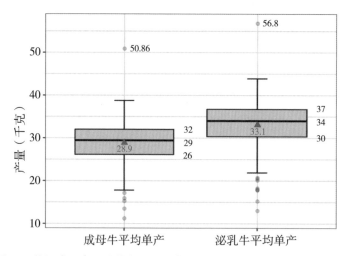

图7.1 牧场成母牛平均单产及泌乳牛平均单产分布情况统计（*n*=256）

对不同胎次的泌乳牛单产进行统计（图7.2），结果可见头胎牛平均单产的平均值为30.7千克，最高值为39.98千克，经产牛平均单产的平均值为34.7千克，最高值为46.42千克。经产牛平均单产比头胎牛平均单产高4.0千克，以最高值进行比较，经产牛平均单产最高的牧场比头胎牛平均单产最高的牧场单产高6.4千克。

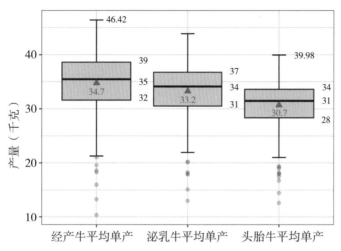

图7.2　不同胎次泌乳牛平均单产分布情况统计（*n*=256）

第二节　高峰泌乳天数

高峰泌乳天数，指对泌乳牛群按泌乳天数进行分组统计平均单产，统计其平均单产最高时的泌乳天数，即为牛群的高峰泌乳天数。根据奶牛泌乳生理规律，通常奶牛在产后40～100天可达其泌乳高峰期。排除历史产奶数据异常的牧场，对187个牧场进行高峰泌乳天数进行统计（图7.3），结果可见，头胎牛高峰泌乳天数平均为94.4天，中位数为84天，50%最集中牧场分布于70～112天，经产牛高峰泌乳天数平均为55.6天，中位数为56天，50%最集中牧场分布于49～63天。

对不同规模牧场的高峰泌乳天数表现进行分组统计分析（表7.2），可见，不同规模牧场头胎牛高峰泌乳天数平均值范围在88～100天，差异范围较大（1～11天）；经产牛高峰泌乳天数范围平均值在53～57天，差异范围较小（0～3.5天）；此外，经产牛平均高峰泌乳天数标准差较头胎牛的小，表明经产牛泌乳高峰天数不同牧场或规模间波动较小、稳定，但头胎牛泌乳高峰天数波动较大，也表明头胎牛产奶表现有较大的提升空间。

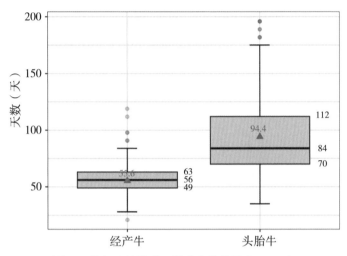

图7.3　牧场高峰泌乳天数分布箱线图（*n*=187）

表7.2　不同群体规模的高峰泌乳天数表现（*n*=187）

分组	全群规模（头）	牧场数量（个）	牧场数量占比（%）	平均值（天）	中位数（天）	最大值（天）	最小值（天）	标准差（天）
	<1 000	24	12.8	99.8	84	196	42	48.38
	1 000～1 999	63	33.7	88.8	84	189	42	33.46
头胎牛	2 000～4 999	63	33.7	98.8	84	196	35	38.30
	5 000及以上	37	19.8	93.3	84	161	42	27.43
	总计	187	100.0	94.4	84	196	35	36.63
	<1 000	24	12.8	53.1	56	84	21	13.24
	1 000～1 999	63	33.7	55.0	56	98	28	14.27
经产牛	2 000～4 999	63	33.7	56.6	56	112	35	14.29
	5 000及以上	37	19.8	56.4	49	119	42	15.77
	总计	187	100.0	55.6	56	119	21	14.51

第三节 高峰产奶量

排除历史产奶数据异常的牧场，对197个牧场进行高峰产奶量统计（图7.4），头胎牛高峰产奶量平均值为37千克，中位数为37千克，最高值为54.2千克；经产牛高峰产奶量平均值为45.4千克，中位数为46千克，最高值为56.5千克。在评估牧场高峰泌乳天数及高峰产奶量时，可参考一牧云统计指标进行参照比对。

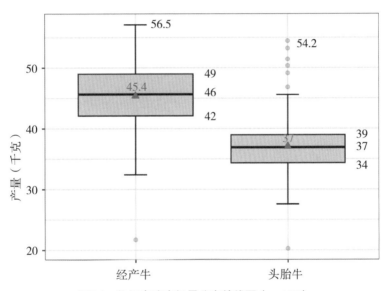

图7.4 牧场高峰产奶量分布箱线图（_n_=197）

对不同规模牧场的高峰产奶量表现进行分组统计分析（表7.3），可见，不同规模牧场头胎牛高峰产奶量平均值范围在35.60～37.48千克，变化范围较小（2.0千克以内），不同规模牧场间头胎牛高峰产奶量差异不大；经产牛高峰产奶量平均值范围在41.90～47.83千克，变化范围较大（5.8千克），不同规模牧场间经产牛高峰产奶量差异较大，且牧场规模越大，高峰产奶量则越高。

表7.3　不同群体规模的高峰产奶量表现

分组	全群规模（头）	牧场数量（个）	牧场数量占比（%）	平均值（千克）	中位数（千克）	最大值（千克）	最小值（千克）	标准差（千克）
头胎牛	<1 000	25	12.7	35.60	34.68	51.4	27.56	4.84
	1 000～1 999	69	35.0	36.80	37.08	53.2	11.94	5.55
	2 000～4 999	65	33.0	37.21	36.96	49.1	29.88	3.29
	5 000及以上	38	19.3	37.48	37.12	54.42	29.65	4.68
	总计	197	100.0	36.91	36.89	54.42	11.94	4.68
经产牛	<1 000	25	12.7	41.90	41.43	53.94	32.67	5.05
	1 000～1 999	69	35.0	43.74	44.89	55.22	15.11	6.02
	2 000～4 999	65	33.0	46.49	46.07	57.1	36.5	4.47
	5 000及以上	38	19.3	47.83	48.015	56.52	21.7	5.98
	总计	197	100.0	45.20	45.62	57.1	15.11	5.78

第四节　305天成年当量

　　产奶量作为牧场主要收入来源之一，同时也是评估奶牛泌乳性能高低的重要指标，其重要性不言而喻。通常，牧场内多数泌乳牛泌乳天数不同，胎次也分头胎牛和经产牛（第2胎及以上），对于牧场管理者而言，很难用统一标准来评估奶牛个体泌乳性能。为了使不同胎次的产奶量具有可比性，需要将胎次进行业标准化，通常将不同胎次的产奶量校正到第5胎的产奶量，以利于分析比较。

　　对272个牧场进行305天成年当量统计（图7.5），305天成年当量的平均值为9 661千克，中位数为9 871千克，最高值为13 100

千克，最低值为3 079千克，50%最密集的牧场高峰产奶量分布于8 614～11 111千克。

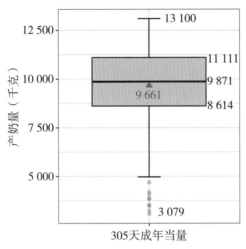

图7.5　牧场305天成年当量分布箱线图（*n*=272）

对不同规模牧场的305天成年当量表现进行分组统计分析（表7.4），可见，不同规模牧场305天成年当量范围在8 359～10 699千克，不同规模牧场间差异较大（656～2 340千克），且牧场规模越大，305天成年当量平均值越高，其中规模≥5 000头的牧场305天成年当量平均值最高（达13 006千克）。

表7.4　不同群体规模305天成年当量表现（*n*=272）

全群规模（头）	牧场数量（个）	牧场数量占比（%）	平均值（千克）	中位数（千克）	最大值（千克）	最小值（千克）	标准差（千克）
<1 000	34	12.5	8 359	8 308	12 908	3 079	2 219
1 000～1 999	89	32.7	9 203	9 403	13 089	3 477	1 895
2 000～4 999	83	30.5	9 859	10 129	13 100	3 536	1 867
5 000及以上	66	24.3	10 699	10 859	13 006	6 529	1 497
总计	272	100.0	9 661	9 871	13 100	3 079	1 988

第八章 关键饲喂指标现状

在畜牧行业中，"种、料、病、管"是最基本和最重要的四个维度，对于奶牛场而言也是如此。通常，奶牛养殖过程中饲料成本占牧场生产总成本的60%~80%，可见饲料调制及饲喂对牧场生产及盈利能力等方面的重要性。在实际生产中，奶牛场拌料和投料环节，以及奶牛的干物质采食量等指标均至关重要。因此，作为管理者必须对牧场的饲喂管理细节进行及时掌控和评估，以便及时发现问题，改善管理和预防问题的发生。本章对饲喂管理中常见的指标，如拌料误差率、投料误差率、成母牛干物质采食量、泌乳牛干物质采食量、干奶牛干物质采食量等指标作出以分析，以期能够发挥抛砖引玉的作用，为牧场的饲喂管理提供帮助。

第一节　拌料误差率

拌料是指依据不同生理阶段的牛只营养需要（通常以牛舍为单元加以区分），将所需的各种饲草料原料，按照日粮配方和特定添加顺序投入TMR（全混合日粮）搅拌车内，进行加工调制的过程。在实际生产中，往往会出现各种饲草料原料实际拌入量与期望拌入量存在误差的现象，因而计算拌料误差率的目的就是及时对拌料的准确性加以评估，通过不断地完善流程和添加方案而确保奶牛采食到的日粮尽可能趋近于理论配方日粮。

拌料误差率计算方法如下。

$$拌料误差率（\%）=\frac{对应月份实际拌料量不为0的拌料误差的绝对值之和}{对应月份总的期望拌料量之和}\times 100$$

对过去一年126个牧场的拌料误差率进行统计分析（图8.1），可见四分位数范围0.98%~2.5%（50%最集中牧场的分布范围），平均值为2.3%，中位数为1.6%。

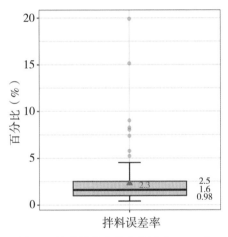

图8.1　拌料误差率分布统计（n=126）

根据饲料类型统计拌料误差率，结果如表8.1所示，可见拌料中添加剂误差率最大（12.82%），矿物质饲料次之（7.93%），能量饲料、粗饲料、蛋白质饲料、水、预混料、精料补充料、剩料等误差率范围3%~5%，浓缩料、青贮饲料误差率较低，低于2%。可以看出添加量较少的饲料类型拌料时误差较大，往往这些饲料添加量过多或过少会对奶牛健康造成不利影响，并且饲料成本较高；青贮饲料拌料误差率最低，可能是青贮饲料添加量大，并且取料方式不同（青贮窖取料会用到青贮取料机），相对于粗饲料、精料补充料或者颗粒料更易被铲车司机掌握、控制取料量。

表8.1　不同饲料类型拌料误差率

饲料类型	数量（个）	平均值（%）	标准差（%）
添加剂	81	12.82	10.34
矿物质饲料	13	7.93	8.87
其他	66	7.75	8.93
粗饲料	298	4.60	4.25
能量饲料	104	3.83	4.85
蛋白质饲料	77	3.77	2.79
预混料	347	3.42	5.90
浓缩精料（精料补充料）	312	3.36	3.82
水	8	3.29	2.35
剩料	11	3.09	1.43
青贮饲料	216	1.71	2.84

第二节　投料误差率

投料是指将搅拌好的TMR按照投料顺序和期望重量用撒料车撒到指定牛舍的过程。往往实际撒料量和期望投料量会出现一定误差，因此需要计算投料误差率，及时评估，避免投料过多产生浪费，投料过少不够奶牛采食。

投料误差率计算方法如下。

$$投料误差率（\%）= \frac{对应月份实际投料量不为0的投料误差的绝对值之和}{对应月份总的期望投料量之和} \times 100$$

我们对截至当前过去一年127个牛群的投料进行统计汇总（图8.2），四分位数范围1.3%～3.6%（50%最集中牧场的分布范围），平均值为3.7%，中位数为2%。

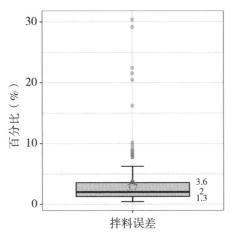

图8.2 投料误差率分布统计（*n*=127）

第三节 成母牛干物质采食量

干物质采食量是日粮配方的基础，干物质采食量（DMI）是奶牛生产中需要首要关注的饲喂指标，它的高低会影响奶牛产奶量和乳成分，是至关重要的生产指标之一。

成母牛干物质采食量计算方法如下。

$$成母牛干物质采食量 = \frac{对应月份牛舍类型为泌乳牛舍及干奶牛舍各拌料原料干物质量之和}{平均饲养牛头数 \times 总饲养天数}$$

排除成母牛干物质采食量异常的牧场，对100个牧场进行成母牛干物质采食量统计（图8.3），平均值为19.4千克，中位数为20

千克，最高值为24.7千克，四分位数范围18～22千克（50%最集中牧场的分布范围）。

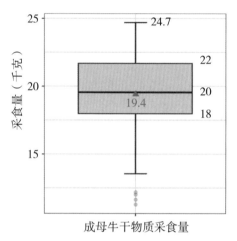

图8.3　成母牛干物质采食量分布统计（*n*=100）

对88个牧场成母牛干物质采食量与成母牛平均单产进行相关分析，两者（Pearson）相关系数为0.421，统计学检验两样本间相关系数达极显著水平（*P*<0.000 1），反映出成母牛干物质采食量越高，成母牛平均单产越高，结果见图8.4。

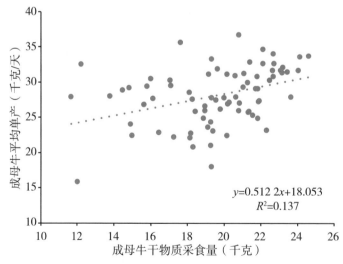

图8.4　成母牛干物质采食量与成母牛平均单产相关分析（*n*=88）

第四节　泌乳牛干物质采食量

泌乳牛干物质采食量计算方法如下。

$$泌乳牛干物质采食量=\frac{对应月份牛舍类型为泌乳牛舍各拌料原料干物质量之和}{平均饲养牛头数\times 总饲养天数}$$

排除泌乳牛干物质采食量异常的牧场，对100个牧场进行泌乳牛干物质采食量统计（图8.5），平均值为20.4千克，中位数为21千克，最高值为25.3千克，四分位数范围19~23千克（50%最集中牧场的分布范围）。

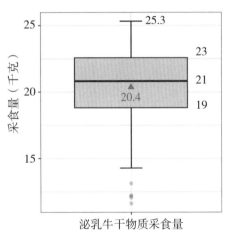

图8.5　泌乳牛干物质采食量分布统计（*n*=100）

第五节　干奶牛干物质采食量

干奶牛干物质采食量计算方法如下。

$$干奶牛干物质采食量=\frac{对应月份牛舍类型为干奶牛舍各拌料原料干物质量之和}{平均饲养牛头数×总饲养天数}$$

排除干奶牛干物质采食量异常的牧场，对89个牧场进行干奶牛干物质采食量统计（图8.6），平均值为10.9千克，中位数为11千克，最高值为16.7千克，四分位数范围9～12千克（50%最集中牧场的分布范围）。

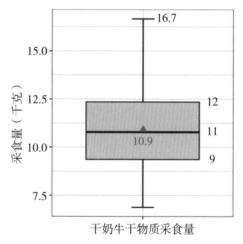

图8.6　干奶牛干物质采食量分布统计（$n=89$）

第九章 牧场相关生产性能专论

本章为专题部分，主要包括4个专题，即2023年奶牛死淘分析报告、后备牛不同生产阶段发育情况与投产后头胎生产性能关联分析、泌乳牛乳房炎、蹄病发病后对产奶性能的影响分析，公牛育种相关指标统计分析。期望通过对这些专题的具体深入分析或介绍，让读者更多地了解相关的内容，进而促进牧场的生产管理和技术水平的提升。

专题一：2023年奶牛死淘分析报告

2023年奶业行情低迷，原料奶售价降低，大宗原材料价格高，加上牛肉市场价格低等原因，导致多数牧场亏损。因此，在这样的背景下，牧场规模变动主要朝着什么方向发展？牛群是增长还是缩减？死淘牛只是增加了还是缩减了？尤其是淘汰牛主要是什么淘汰原因？需要对此进行量化分析，以期找到应对这样的困境，多数牧场具体淘牛措施如何？

本专题主要对一牧云系统内牧场牛群增长率、死淘率和死淘具体原因进行了分析，期望得到牧场应对困境的管理措施。

一、数据来源

一牧云2023年度牧场符合：①无转场牛只（含转入、转出）；②2022年有牛群数据；③牛群增长率不超过100%；④牧场全群牛头数大于200头，共计得到199个牧场用于统计牧场牛群增长率。

全群牛头数来自年度指标，转入、转出牛只数据来自2023年转场记录，死淘牛只数据来自2022年、2023年死淘记录。

$$牛群增长率（\%）=\frac{2023年底存栏量-2022年底存栏量}{2022年底存栏量}\times100$$

只统计母牛：

$$2023年底存栏量=2023年全群牛头数-2023年转入（外购）牛头数$$

其中转入（外购）牛头数不包含死淘，因为全群牛头数已经除去死淘牛。

成母牛、后备牛死淘率来源于年度死淘率指标，牧场数分别为338个和336个，根据有牛群增长率指标的匹配，分别得到193个和192个牧场用于死淘率分析。

二、牛群增长率

由表9.1、图9.1可以看出，2023年度牛群增长率平均值为-0.48%（标准差19.18%），中位数1.33%，较2022年度牛群增长率平均值6.29%、中位数5.53%，均有下降且下降幅度较大，表明接近一半牧场牛群呈现负增长情况。结合图9.2，2023年各月份后备牛占比基本稳定，在45%～46.5%。

表9.1　近2年牛群增长率描述性统计

年份 （年）	数量 （头）	平均值 （%）	中位数 （%）	最小值 （%）	最大值 （%）	参考范围 （%）	标准差 （%）
2023	199	−0.48	1.33	−68.64	86.91	−8.2～9.8	19.18
2022	102	6.29	5.53	−66.23	56.37	0～12.2	15.26

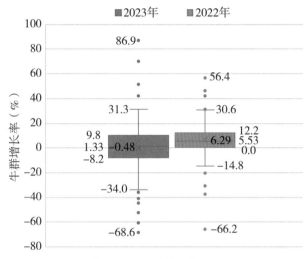

图9.1　牛群增长率箱形图

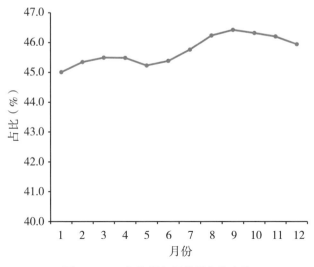

图9.2　2023年牧场各月份后备牛占比

三、成母牛、后备牛死淘分析

由图9.3可以看出，2023年度成母牛死淘率（40.0%）较2022年度（31.8%）明显增加，高出8.2个百分点；成母牛死亡率增长不明显，略高0.8个百分点，较为稳定；成母牛淘汰率增长较高，高出7.5个百分点；2023年度后备牛死淘率（22.5%）较2022年度（16.0%）明显增加，高出6.5个百分点；同样，后备牛死亡率增长不明显（略高1个百分点）；后备牛淘汰率增长较高，高出5.5个百分点。

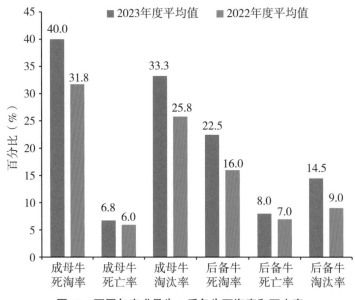

图9.3　不同年度成母牛、后备牛死淘率和死亡率

由图9.4可以看出，2023年度成母牛被动淘汰占比59.2%，主动淘汰40.8%，2022年度成母牛被动淘汰占比66.7%，主动淘汰33.3%，2023年度成母牛主动淘汰占比明显增加（增长7.5个百分点），可见，在奶业行情低迷下，牧场主动淘汰无饲养价值牛只。

2023年度后备牛被动淘汰占比50.8%，主动淘汰49.2%，2022年度后备牛被动淘汰占比64.9%，主动淘汰35.1%，2023年度后备牛主动淘汰占比明显增加（增长14.1个百分点），可见，作为投入成本较高后备牛（没有泌乳产生效益的群体中），牧场为节本增效，选择主动淘汰部分后备牛，具体淘汰原因，下文会详细介绍。

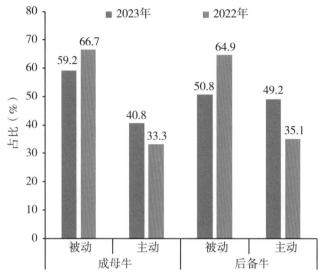

图9.4　不同年度成母牛、后备牛主动、被动淘汰对比

由图9.5可以看出，2023年各月份成母牛死亡率在0.4%～1.0%，但淘汰率较高，范围在2.2%～4.3%，月度淘汰率高于2.0%；2023年各月份后备牛死亡率范围在0.5%～1.0%，但淘汰率较高1.0%～2.5%（除1月）。

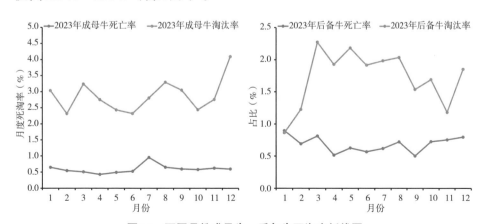

图9.5　不同月份成母牛、后备牛死淘率折线图

由图9.6可以看出，2023年成母牛淘汰原因中，低产原因占比24.66%；繁殖原因占比9.84%，其中主要是不孕症和早产与流产；其次是蹄病（7.19%），乳房疾病（7.04%），但其他原因占比较高40.37%；死亡原因中，消化系统疾病占比25.86%，其中主要是肠炎、真胃炎、腹泻、瘤胃膨气；蹄病占比9.88%，其次是代谢系统疾病（9.06%），主要原因是产后瘫痪、瘤胃酸中毒；其他原因占比较高为37.13%。

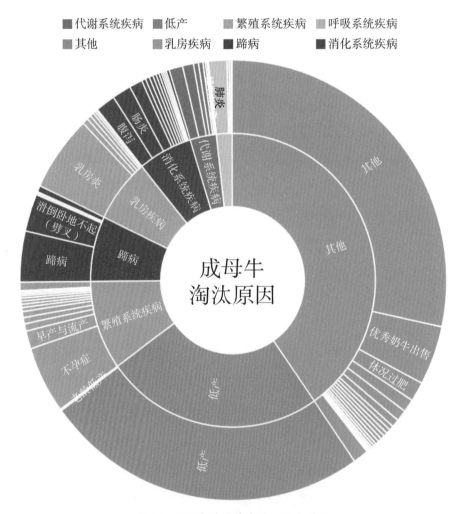

图9.6　2023年成母牛淘汰、死亡原因

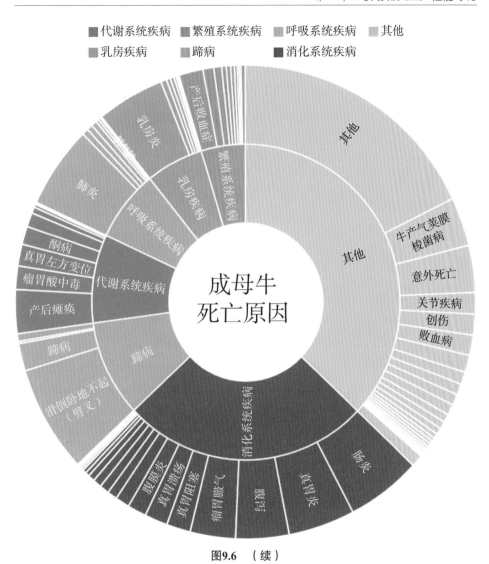

图9.6　（续）

　　由图9.7可以看出，2023年后备牛淘汰原因中，其他原因占比85.10%，主要原因是优秀奶牛出售；繁殖系统疾病占比7.24%，主要原因是不孕症；其次是呼吸系统疾病占比2.58%；死亡原因中，其他原因占比35.96%；消化系统疾病占比34.79%，主要原因是腹泻、瘤胃臌气、肠炎；其次是呼吸系统疾病（26.20%），主要原因是肺炎。

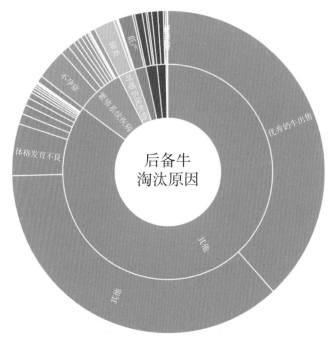

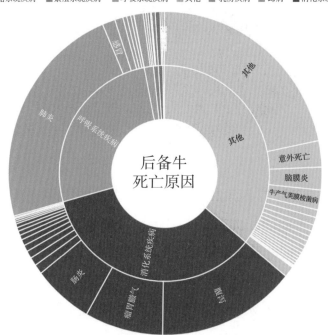

图9.7　2023年后备牛淘汰、死亡原因

由图9.8可以看出，2023年后备牛死淘占所有胎次死淘牛36.2%高于2022年的31.8%；2023年成母牛1~2胎死淘占比高于2022年；但3胎及以上的牛只死淘占比（28.3%）低于2022年的（34.1%），低5.8个百分点。2023年成母牛死淘平均胎次2.57胎，低于2022年的2.81胎，2023年成母牛死淘胎次侧重低胎次的。

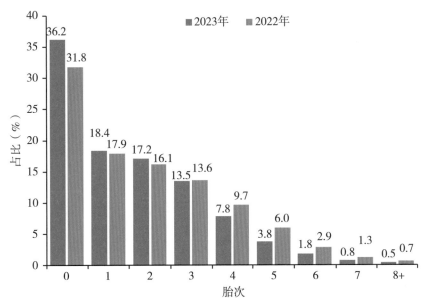

图9.8　成母牛、后备牛死淘胎次分布

四、不同规模牧场死淘率及原因分析

由表9.2可以看出，2023年不同规模牧场成母牛死淘率平均值范围为28.0%~43.8%，中位数29.0%~44.0%，其中成母牛死亡率平均值范围6.3%~7.0%，成母牛淘汰率平均数范围21.8%~37.1%，不同规模牧场成母牛死亡率基本相当，成母牛死亡主要原因为其他、滑倒卧地不起（劈叉）；但规模≥5 000头的牧场成母牛淘汰率远低于牧场规模5 000头以内的，分别低11~15个百分点，成母牛淘汰率主要原因为其他、低产、不孕症、乳房炎等。

表9.2 不同规模牧场成母牛死淘率描述性统计

指标	规模（头）	数量（个）	平均值（%）	中位数（%）	最小值（%）	最大值（%）	参考范围（%）	死淘主要原因
成母牛死淘率	<1 000	49	43.8	44.0	4.7	83.1	29.3~56.8	
	1 000~1 999	64	41.1	38.4	13.5	94.9	30.6~51.0	
	2 000~4 999	58	39.4	38.2	6.7	77.4	31.1~46.6	
	5 000及以上	16	28.0	29.0	4.8	51.1	13.2~38.5	
成母牛死亡率	<1 000	49	6.7	4.9	0.0	23.1	2.1~10.3	其他、滑倒卧地不起（劈叉）、乳房炎、意外死亡、败血病
	1 000~1 999	64	7.0	5.5	0.1	25.9	3.3~9.1	其他、滑倒卧地不起（劈叉）、肺炎、意外死亡、肠炎
	2 000~4 999	58	6.7	6.6	0.0	17.7	3.5~9.7	其他、肺炎、腹泻、滑倒卧地不起（劈叉）、肠炎
	5 000及以上	16	6.3	5.7	2.0	11.7	3.5~9.2	滑倒卧地不起（劈叉）、真胃炎、肠炎、其他、肺炎
成母牛淘汰率	<1 000	49	37.1	34.0	0.0	81.6	22.6~51.5	低产、其他、不孕症、乳房炎、优秀奶牛出售
	1 000~1 999	64	34.1	33.5	2.8	77.2	25.8~43.2	其他、低产、优秀奶牛出售、乳房炎、不孕症
	2 000~4 999	58	32.7	31.2	1.9	64.1	22.7~41.9	其他、低产、乳房炎、不孕症、优秀奶牛出售
	5 000及以上	16	21.8	20.2	2.7	44.2	8.7~35.0	其他、低产、不孕症、乳房炎、蹄病

由图9.9可以看出，2023年成母牛淘汰、死亡主要集中在产后30天内（占比12.4%）和产后300天以上（26.5%），其余产后阶段淘汰、死亡分布占比基本不变。

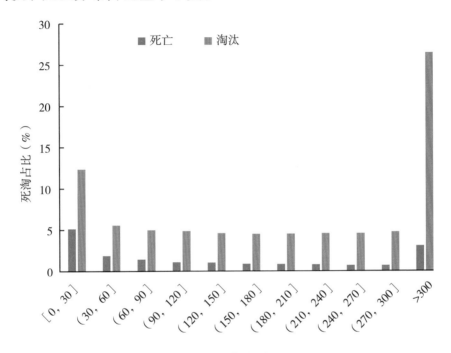

图9.9　成母牛不同产后天数死淘占比

由表9.3可以看出，2023年不同规模牧场后备牛死淘率平均值范围为13.0%～26.5%，中位数11.5%～19.1%，其中后备牛死亡率平均值范围5.3%～9.1%，后备牛淘汰率平均数范围7.6%～16.9%，不同规模牧场后备牛死亡率基本相当，后备牛死亡主要原因为肺炎、其他、腹泻、瘤胃膨气；但规模≥5 000头的牧场后备牛淘汰率远低于牧场规模5 000以内的，分别低5.5～9.3个百分点，后备牛淘汰率主要原因为奶牛出售、其他、体格发育不良、不孕症等。

表9.3 不同规模牧场后备牛死淘率描述性统计

指标	规模（头）	数量（个）	平均值（%）	中位数（%）	最小值（%）	最大值（%）	参考范围（%）	死淘主要原因
后备牛死淘率	<1 000	45	21.5	14.5	2.0	99.3	9.9~25.6	
	1 000~1 999	66	26.0	19.1	2.4	96.6	12.6~30.8	
	2 000~4 999	59	21.9	19.0	3.0	69.0	11.7~28.8	
	5 000及以上	16	13.0	11.5	4.2	31.4	8.2~15.6	
后备牛死亡率	<1 000	45	8.4	6.0	0.0	52.7	3.5~8.6	其他、腹泻、肺炎、肠炎、瘤胃臌气
	1 000~1 999	66	9.1	7.5	0.0	35.1	4.3~10.9	肺炎、其他、腹泻、肠炎、瘤胃臌气
	2 000~4 999	59	7.0	6.3	0.0	23.7	3.4~10.4	肺炎、其他、腹泻、瘤胃臌气、肠炎
	5 000及以上	16	5.3	4.3	2.2	11.7	3.1~6.2	肺炎、其他、瘤胃臌气、腹泻、肠炎
后备牛淘汰率	<1 000	45	13.1	6.1	0.7	74.8	4.1~18.8	优秀奶牛出售、其他、体况过肥、20月龄以上未孕青年牛、不孕症
	1 000~1 999	66	16.9	10.1	0.9	83.4	4.9~19.8	其他、优秀奶牛出售、体格发育不良、不孕症、肺炎
	2 000~4 999	59	14.9	10.3	0.7	58.5	4.3~22.7	优秀奶牛出售、其他、体格发育不良、不孕症、肺炎
	5 000及以上	16	7.6	6.1	1.0	29.2	3.0~9.3	其他、优秀奶牛出售、体格发育不良、不孕症、肺炎

由图9.10可以看出，2023年后备牛死亡主要集中在30日龄内（占比11.6%），31～120日龄内（占比小计8.7%），其余日龄阶段死亡分布占比基本不变；后备牛淘汰主要集中在30日龄内（占比7.9%），720日龄以上（占比8.4%），91～210日龄内上（占比小计13.3%），其余日龄阶段淘汰占比在1%～3%以内。

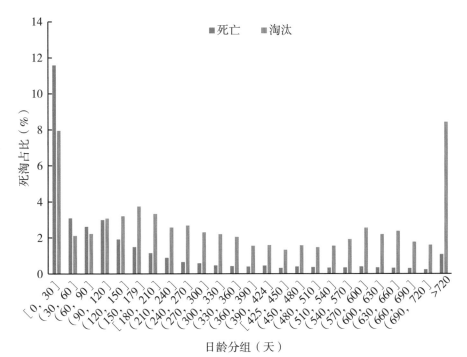

图9.10　后备牛不同日龄死淘占比

五、总结

通过分析2023年度牛群死淘率和死淘原因，结果发现：

一是2023年度牛群平均增长率为负值（-0.48%），中位数为正值（1.33%），均低于2022年的平均值6.29%和中位数5.53%。

二是2023年度成母牛死淘率高达40.0%，远超过2022年的31.8%，主要原因是成母牛淘汰率增加8.2个百分点；2023年度后备牛死淘率高达22.5%，高于2022年的16.0%，主要原因是后备牛淘汰率增长5.5个百分点；此外，2023年度成母牛主动淘汰率40.8%，后备牛主动淘汰率35.1%，均高于2022年度主动淘汰率。

三是成母牛淘汰原因中，低产和繁殖系统疾病占比较高，分别为24.66%和9.84%；死亡原因中，消化系统疾病和代谢系统疾病占比较高，分别为25.86%和9.06%；后备牛淘汰原因中，其他原因中优秀奶牛出售占比较高，其次是繁殖系统疾病7.24%；死亡原因中，消化系统疾病占比较高为34.79%，其次是呼吸系统疾病26.20%。

四是2023年后备牛死淘占比36.2%较2022年高，2023年成母牛1～2胎死淘占比较高，偏低胎次牛只。

五是不同规模牧场成母牛死亡率基本一致，但规模≥5 000头的牧场淘汰率较其他牧场低，淘汰原因主要是低产、不孕症和乳房炎，淘汰阶段主要是产后30天内和产后300天以上；后备牛死亡率也基本一致，但规模≥5 000头的牧场淘汰率最低，淘汰原因主要是奶牛出售、体格发育不良和不孕症，淘汰阶段主要是30日龄内和720日龄以上，死亡阶段主要是30日龄以内。

专题二：后备牛不同生产阶段发育情况与投产后头胎生产性能关联分析

2023年以来，国内原奶市场出现阶段性过剩，生鲜乳价格降低，奶业行情低迷，导致多数牧场亏损。牧场要度过低迷的行情，实现盈利或减少亏损，就要做到精细化管理，节本是重要的途径之一，而后备牛作为前期"只投入，不产出"的一大群体，对后备牛饲养管理环节的节本至关重要。因此，监测后备牛生产各阶段发育情况，在最佳的体重范围或日龄阶段进行配种，节省后备牛饲养成本的同时，确保未来泌乳牛具有良好的生产性能和繁殖性能，从而增加牧场效益，提高竞争力。

本专题主要对一牧云系统内有后备牛各生产阶段称重的牧场进行分析，分析了后备牛不同生产阶段体重和日增重，以及有头胎泌乳性能的牛只305天奶量和高峰奶量。对当前数据分析，以期得出后备牛各生产阶段最佳体重、日增重和对应头胎最佳泌乳性能，从而给牧场提供参考。

一、数据来源

数据来自一牧云牧场生产管理系统，2014—2024年后备牛各生产阶段称重数据1 040 757条，2018年产犊牛的奶厅产奶数据205 292条。

二、断奶、转育成、转参配及初产阶段体重与日增重对比

数据筛选条件：①剔除称重总数据量小于100条的牧场；②剔除2024年数据（该年份数据较少）；③出生至断奶日增重范围0.3～2.0千克/天，出生至转育成日增重范围0.3～1.8千克/天，出生至转参配、初产日增重范围0.3～1.6千克/天。

由表9.4可以看出，不同出生年份平均初生重差异不大，37.5～38.5千克，出生至断奶时平均日增重由2015年的0.805千克/天（2014年数据量较少，暂不分析），增长到2023年的0.879千克/天；断奶时体重近几年基本稳定在100千克，断奶时日龄稳定在72天，变化趋势详见图9.11不同出生年份、不同日龄阶段体重和日增重（下同）。

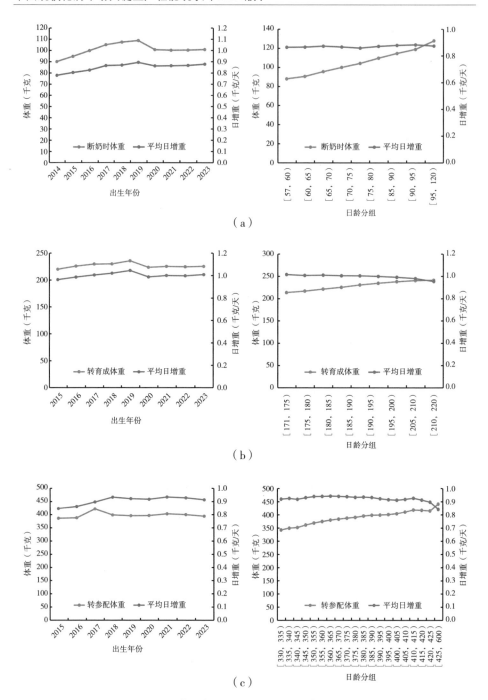

图9.11　不同出生年份、不同日龄阶段体重和日增重

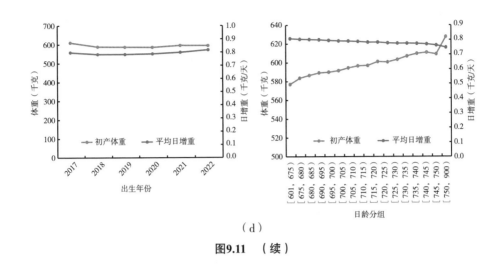

（d）

图9.11 （续）

表9.4 不同出生年份初生重、断奶体重和日增重

年份	头数（头）	平均日增重（千克/天）	平均初生重（千克）	断奶时体重（千克）	断奶时日龄（天）
2014	1 361	0.780	34.9	90.2	71.1
2015	5 168	0.805	37.9	94.8	70.3
2016	15 617	0.826	38.0	100.0	74.7
2017	21 908	0.867	38.3	105.2	77.2
2018	51 028	0.871	37.7	107.5	80.0
2019	58 663	0.895	38.2	108.9	78.9
2020	100 259	0.864	37.9	100.9	72.9
2021	163 044	0.865	38.0	100.4	72.2
2022	234 822	0.868	37.7	100.5	72.3
2023	241 343	0.879	37.5	101.0	72.2
总计	893 213	0.871	37.8	101.6	73.3

由表9.5可以看出，不同断奶日龄分组对应平均初生重差异不大，37.2～38.3千克，出生至断奶时平均日增重差异不大0.86～

0.88千克/天；断奶时体重随日龄增加而稳定增加。

表9.5 不同日龄分组初生重、断奶体重和日增重

日龄分组 （日龄）	头数 （头）	平均日增重 （千克/天）	平均初生重 （千克）	断奶时体重 （千克）	断奶时日龄 （天）
[57，60）	23 369	0.866	37.6	88.2	58.5
[60，65）	209 883	0.867	37.2	90.8	61.8
[65，70）	177 598	0.874	37.4	95.8	66.8
[70，75）	124 885	0.868	37.9	100.2	71.8
[75，80）	95 288	0.860	38.2	104.4	77.0
[80，85）	96 310	0.873	38.3	109.8	82.0
[85，90）	94 597	0.880	38.3	114.8	86.9
[90，95）	39 798	0.884	38.2	119.1	91.5
[95，120）	31 485	0.876	38.1	128.1	102.7
总计	893 213	0.871	37.8	101.6	73.3

由表9.6可以看出，不同出生年份出生至转育成时平均日增重，2015年0.96千克/天，2023年1.01千克/天，基本稳定；转育成时体重近几年基本稳定在225千克，断奶日龄稳定在187天。

表9.6 不同出生年份至转育成时平均体重和日增重

年份	头数 （头）	平均日增重 （千克/天）	平均初生重 （千克）	平均体重 （千克）	平均日龄 （天）
2015	5 840	0.96	37.91	220.16	188.94
2016	8 971	0.99	38.26	226.05	190.31
2017	23 252	1.01	38.34	229.88	190.37
2018	37 997	1.02	37.85	230.17	188.37
2019	43 379	1.05	38.15	235.89	189.21
2020	66 380	0.99	37.99	223.81	188.14

（续表）

年份	头数 （头）	平均日增重 （千克/天）	平均初生重 （千克）	平均体重 （千克）	平均日龄 （天）
2021	121 035	1.00	38.03	225.61	187.33
2022	148 023	1.00	37.86	224.88	187.13
2023	95 312	1.01	37.59	225.67	186.28
总计	550 189	1.01	37.92	226.46	187.61

由表9.7可以看出，不同转育成日龄分组对应平均日增重差异不大0.96～1.02千克/天；转育成时体重随日龄增加而稳定增加。

表9.7　不同日龄分组转育成时平均体重和日增重

日龄分组 （日龄）	头数 （头）	平均日增重 （千克/天）	平均初生重 （千克）	平均体重 （千克）	平均日龄 （天）
［171，175）	27 417	1.02	38.42	214.08	172.59
［175，180）	67 712	1.01	38.30	217.34	177.32
［180，185）	151 039	1.01	37.64	221.88	182.00
［185，190）	111 296	1.01	37.82	225.88	186.70
［190，195）	73 982	1.01	38.03	231.18	191.87
［195，200）	50 069	1.00	37.96	235.04	196.84
［200，205）	32 663	0.99	38.03	238.56	201.80
［205，210）	19 822	0.98	37.98	241.08	206.81
［210，220）	16 964	0.96	37.66	241.84	213.59
总计	550 964	1.01	37.91	226.48	187.62

由表9.8可以看出，不同出生年份出生至参配时平均日增重，2015年0.85千克/天，2023年0.91千克/天，基本稳定；参配时体重近几年基本稳定在400千克，参配日龄稳定在390天。

表9.8　不同出生年份初生重、参配体重和日增重

年份	头数（头）	平均日增重（千克/天）	平均初生重（千克）	平均体重（千克）	平均日龄（天）
2015	3 749	0.85	38.06	386.58	411.57
2016	5 489	0.86	38.20	388.36	405.85
2017	8 902	0.90	38.71	422.21	430.28
2018	42 837	0.93	37.53	399.22	387.78
2019	50 345	0.92	38.04	396.33	388.96
2020	79 318	0.92	38.14	397.01	391.20
2021	99 571	0.93	38.21	403.53	391.23
2022	108 630	0.93	37.98	400.50	390.76
2023	5 427	0.91	37.53	394.57	390.83
总计	404 268	0.93	38.04	400.01	391.69

　　由表9.9可以看出，参配日龄分组330～420日龄对应平均日增重比较稳定0.91～0.94千克/天，420日龄后日增重有所下降；参配时体重随日龄增加而稳定增加。

表9.9　不同日龄分组参配体重和日增重

日龄分组（日龄）	头数（头）	平均日增重（千克/天）	平均初生重（千克）	平均体重（千克）	平均日龄（天）
[330，335）	647	0.92	37.58	343.27	332.03
[335，340）	753	0.93	37.91	349.95	337.06
[340，345）	845	0.92	37.90	352.44	342.13
[345，350）	1 024	0.93	38.41	361.85	347.12
[350，355）	1 522	0.94	38.20	369.40	352.15
[355，360）	2 901	0.94	38.75	375.33	357.41
[360，365）	8 913	0.94	38.62	380.54	362.31

（续表）

日龄分组 （日龄）	头数 （头）	平均日增重 （千克/天）	平均初生重 （千克）	平均体重 （千克）	平均日龄 （天）
[365，370）	19 368	0.94	38.57	384.42	367.16
[370，375）	25 538	0.94	38.50	388.02	372.09
[375，380）	33 589	0.93	38.50	390.83	377.13
[380，385）	54 446	0.94	38.14	396.02	382.21
[385，390）	77 854	0.93	37.95	399.22	387.05
[390，395）	62 005	0.92	37.99	399.77	391.75
[395，400）	29 446	0.92	38.08	401.68	396.70
[400，405）	19 848	0.91	38.12	404.99	401.90
[405，410）	16 356	0.92	37.49	411.47	406.95
[410，415）	13 831	0.93	37.39	419.49	411.86
[415，420）	10 643	0.91	37.41	418.40	416.87
[420，425）	6 831	0.90	37.31	416.09	421.72
[425，600）	17 908	0.84	37.36	441.65	479.67
总计	404 268	0.93	38.04	400.01	391.69

由表9.10可以看出，不同出生年份出生至投产时平均日增重，2017年0.799千克/天，2022年0.819千克/天，基本稳定；平均初产体重有所上升（2018年589.4千克，上升到2022年595.6千克），日龄有所下降，由704天下降到680天。侧面说明前期生长发育良好。

表9.10　不同出生年份平均初生重、初产体重和日增重

年份	头数 （头）	平均日增重 （千克/天）	平均初生重 （千克）	平均初产体重 （千克）	平均日龄 （天）
2017	3 102	0.799	38.7	610.9	716.7
2018	12 959	0.785	37.6	589.4	704.0
2019	20 040	0.785	38.2	588.2	701.2

（续表）

年份	头数 （头）	平均日增重 （千克/天）	平均初生重 （千克）	平均初产体重 （千克）	平均日龄 （天）
2020	18 245	0.789	38.7	586.9	695.3
2021	38 924	0.801	38.7	596.6	697.6
2022	3 171	0.819	39.2	595.6	679.7
总计	96 441	0.794	38.5	592.5	698.8

　　不同初产日龄分组，投产日增重随日龄增加而缓慢下降，由0.810千克/天下降到0.749千克/天，体重增幅减小。但回推到牛只产前，把胎儿体重38.5千克加上，平均体重631千克（592.5千克+38.5千克），日增重约为0.90千克/天，相较于转参配时0.91～0.94千克/天有所降低。

表9.11　不同日龄分组投产平均体重和日增重

日龄分组 （日龄）	头数 （头）	平均日增重 （千克/天）	平均初生重 （千克）	平均初产体重 （千克）	平均日龄 （天）
［601，675）	24 394	0.810	38.3	577.2	665.6
［675，680）	9 676	0.806	38.6	584.0	676.9
［680，685）	8 121	0.804	38.7	586.9	681.9
［685，690）	7 090	0.802	38.7	589.6	687.0
［690，695）	6 091	0.797	38.5	590.4	691.9
［695，700）	5 634	0.794	38.5	591.9	696.9
［700，705）	4 873	0.793	38.4	594.8	701.9
［705，710）	4 193	0.790	38.4	597.0	706.9
［710，715）	3 557	0.785	38.5	597.4	711.9
［715，720）	3 015	0.785	38.6	601.4	716.9
［720，725）	2 611	0.780	38.3	601.1	722.0
［725，730）	2 321	0.777	38.4	603.7	727.0

（续表）

日龄分组 （日龄）	头数 （头）	平均日增重 （千克/天）	平均初生重 （千克）	平均初产体重 （千克）	平均日龄 （天）
[730，735）	1 901	0.777	38.5	607.3	731.9
[735，740）	1 579	0.776	38.5	610.1	736.9
[740，745）	1 390	0.772	38.5	611.2	742.0
[745，750）	1 253	0.764	38.5	609.4	747.0
[750，900）	8 748	0.749	38.5	627.9	787.2
总计	96 447	0.794	38.5	592.5	698.8

从以上分析可以看出，出生时到各阶段的体重，这一类数据记录数量较多，不同出生年份平均初生重差异不大（37.5～38.5千克）；出生至转育成、出生至转参配、出生至投产平均日增重变化较小，可能是由于日龄跨度范围大，各阶段间的日增重被掩盖。因此，需要对生产各阶段间的日增重进行分析。

三、各阶段体重与日增重对比

筛选条件：①个体各阶段称重数据均有；②出生至断奶日增重范围0.3～2.0千克/天，断奶至转育成日增重范围0.3～2.0千克/天，育成转参配日增重范围0.3～1.8千克/天，参配转初产日增重范围0.15～1.6千克/天。

如图9.12所示，对各阶段体重数据进行分析，发现各阶段日增重存在明显差异，断奶时日增重范围0.85～1.00千克/天，转育成日增重最大0.95～1.10千克/天（该阶段为后备牛生长高峰），转参配时日增重有所下降0.86～0.96千克/天，初产时日增重最低0.75～0.83千克/天，该阶段为后备牛生长低谷，一是牛只产犊，体重减少38千克左右（胎儿体重），营养主要用在犊牛生长发育上；二是牛只进入后备牛生长发育后期，增重缓慢。

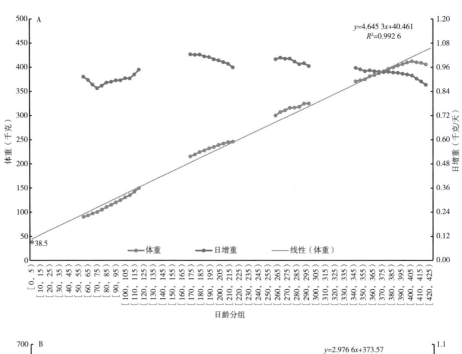

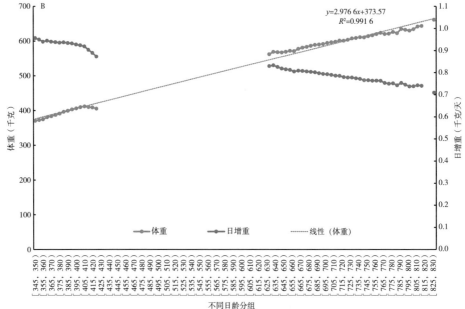

图9.12 不同日龄分组对应体重和日增重变化趋势

参考国标《后备奶牛饲养技术规范》（GB/T 37116—2018）中，哺乳犊牛（2日龄至断奶）日增重0.7~1.0千克/天，断奶犊牛（断奶至6月龄）日增重0.75~1.00千克/天，育成牛（7月龄至首次配种前）日增重0.75~0.85千克/天，青年牛（首次配种后至产犊前）日增重0.75~1.5千克/天。

可见，当前统计牛群生长发育数据符合《后备奶牛饲养技术规范》（GB/T 37116—2018）内日增重范围。

四、不同体重和日增重分组对头胎牛高峰奶量、高峰泌乳天数及305天奶量的影响

数据筛选条件：①305天奶量范围2 000~20 000千克；②在2023年8月至2024年2月初产的牛只不做统计（多数泌乳天数较短）；③高峰产奶量范围10~100千克；④高峰泌乳天数范围150天以内。

针对初产牛只不同体重分组对头胎305天奶量、高峰产奶量和高峰泌乳天数进行分析，如图9.13所示，结果发现初产体重越大的牛只，其头胎305天奶量和高峰奶量越高，但牛只多数集中在（550，600]千克和（600，650]千克体重范围内。有研究表明，头胎牛产奶量与后备牛发情期日增重呈现二次相关，后备牛发情期日增重逐步增加到799克/天，头胎产奶量随之增加，并在这一点达到最大值；随后，随日增重增加，产奶量下降。可以看出，牧场实际生产中也是根据牛只生产效益最大化，计划牛只初产体重在550~650千克。因此，针对该区间进行分析。

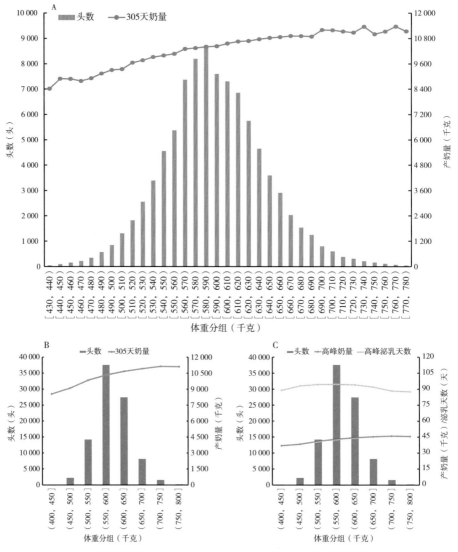

图9.13 不同体重分组对应305天奶量、高峰产奶量和高峰泌乳天数

如图9.14所示，对不同日龄分组内，以50千克体重为间隔统计牛只头胎305天奶量情况，发现660～690日龄（22～23月龄）范围内体重在（550，600]千克和（600，650]千克的头数较多，并且头胎305天奶量也呈现随体重增加而增加。低于660日龄（小于22月龄）初产的牛只较少，原因是后备牛初产低于22月龄，其产奶量下降，难产率增大。因此，对660～690日龄范围内两个体重分组牛只进行分析。

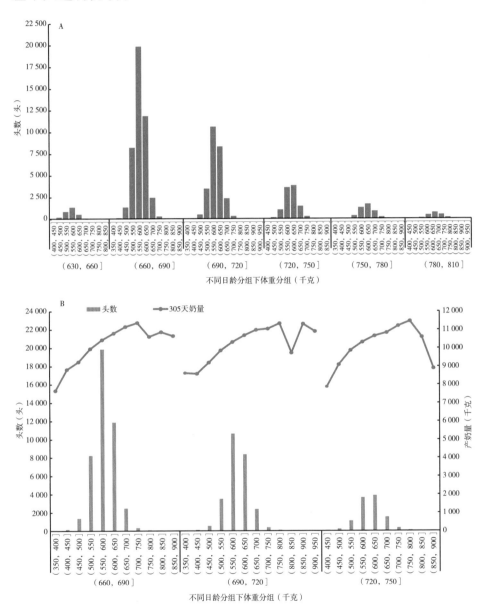

图9.14　不同日龄分组下体重分布及奶厅305天奶量

如图9.15所示，针对660～690日龄内两个体重分组（550，600]千克和（600，650]千克，从出生至产犊体重和各阶段性日增重进行分析，可以看出牛只主要称重数据集中在60～100日龄（断奶时）、180～200日龄（转育成时）、370～400日龄（转参配时）、660～690日龄（初产时），其他日龄阶段也有少部分称重，但数据量较少。

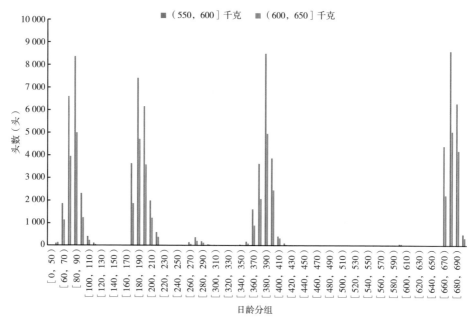

图9.15　不同日龄分组下体重550～600千克和600～650千克牛只头数分布

由图9.16可以看出，（550，600]千克体重分组牛只与（600，650]千克体重分组牛只，在断奶时体重差异不大；但进入转育成、转参配阶段，两个分组牛只体重差异逐渐拉大，最终在初产时两个组体重差异为45千克左右。

由图9.17可以看出，（550，600]千克体重分组牛只与（600，650]千克分组在断奶时日增重差异不大，但进入转育成、转参配阶段，日增重差异逐渐明显，（600，650]千克分组较（550，600]千克分组日增重高出40克/天，最终在初产时日增重两个组差异为60克/天。这样的日增重差异虽然看上去较小，但累积600天后，体重差异可以高达40千克左右。

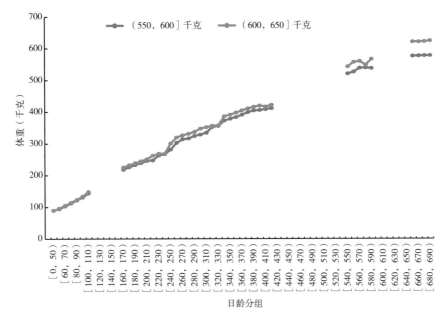

图9.16 两个体重分组不同日龄阶段体重对比

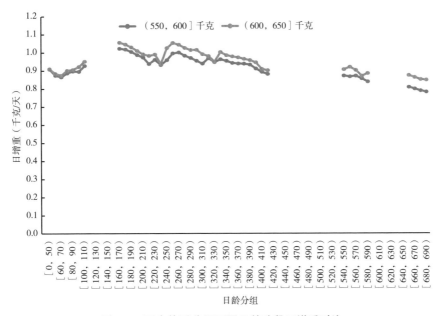

图9.17 两个体重分组不同日龄阶段日增重对比

有研究推荐，后备牛初产24月龄，目标产后体重1 250磅（约567千克），虽然生长较快的后备牛较生长缓慢的饲喂成本更高，但对后备牛的投资就是投资未来。后备牛规划应该是饲养后备牛达到最佳日龄和体重时成本最低。虽然这一推荐数据较当前结果看，体重略低，但这是1986年的数据，可以借鉴的是，牧场生产者规划后备牛在23～26月龄首次产犊。后备牛产犊越早，相较于产犊晚的，它们泌乳的时间就会更多。

此外，从犊牛出生到初产，这段时间的成本是巨大的（1 150～1 200美元），每月成本55～65美元，后备牛越早进入泌乳牛群，前期投入成本就越早收回。为实现产前1 350磅（约612千克），后备牛出生到产犊时到平均日增重必须在1.7～1.8磅/天（0.77～0.82千克/天），这一日增重与当前分析牛群出生到产犊平均日增重0.793千克/天相当。

由表9.12可以看出，660～690日龄分组内（22～23月龄），（550，600]千克体重分组牛只与（600，650]千克分组305天奶量差异约360千克，高峰奶量相差1.3千克，高峰泌乳天数相差1天；与（500，550]千克分组305天奶量差异约847千克，高峰奶量相差3.3千克，高峰泌乳天数相差1.8天。

表9.12　同一日龄分组下不同体重分组头胎泌乳性能对比

体重分组 （千克）	头数 （头）	305天奶量 （千克）	高峰奶量 （千克）	高峰泌乳天数 （天）
（350，400]	6	7 653	32.8	93.8
（400，450]	127	8 815	37.8	89.8
（450，500]	1 341	9 234	38.5	94.0
（500，550]	8 207	9 945	41.1	95.2
（550，600]	19 840	10 432	43.1	96.0
（600，650]	11 847	10 793	44.4	97.0
（650，700]	2 445	11 145	45.5	97.8

（续表）

体重分组 （千克）	头数 （头）	305天奶量 （千克）	高峰奶量 （千克）	高峰泌乳天数 （天）
（700，750]	290	11 360	45.8	92.6
（750，800]	44	10 605	43.3	85.6
（800，850]	10	10 858	42.5	87.8
（850，900]	1	10 641	41.3	54.0
总计	44 158	10 443	43.1	96.1

五、总结

根据近10年出生后备牛各生产阶段体重、日增重变化统计与分析，发现：

一是后备牛断奶日增重有所增加，由2015年的0.805千克/天增长到2023年的0.879千克/天，其他阶段日增重变化波动不大；初产时体重有所上升（2018年589千克，上升到2022年595千克），日龄有所下降，由704天下降到680天，说明前期生长发育良好，其他阶段体重波动不大。

二是当前群体多数牛只初产日龄在660～720日龄间（22～24月龄），而体重多集中在500～650千克，其中初产体重在600～650千克的牛只头胎生长发育良好，生产性能较好，305天奶量10 793千克，高峰奶量44.4千克。

三是推荐体重与日增重：犊牛断奶日增重0.85～0.90千克/天，60～90日龄断奶时体重90～120千克；转育成日增重0.95～1.05千克/天，180～220日龄转育成时体重220～250千克；转参配日增重0.90～0.95千克/天，360～420日龄转参配时体重395～420千克；初产日增重0.78～0.80千克/天，660～690日龄初产时体重

600～650千克。

因此，为了实现后备牛在22～24月龄达到初产体重600～650千克（产前体重640～690千克），牧场管理者需要定期监测后备牛体重和评估日粮，以监控生长发育状态，平衡日龄间的关系，从而为后备牛提供充足但不过量的营养摄入量，确保最佳发育状态下的后备牛发挥其生产潜力。合理地管理后备牛生长发育，降低生产成本，提高牛群生产力和效益。

专题三：泌乳牛乳房炎、蹄病发病后对产奶性能的影响分析

奶牛健康与否对泌乳产奶有着或多或少的影响，其中乳房炎和蹄病这两大常见疾病，对奶牛生产是负面的。乳房炎作为直接发生在泌乳系统的疾病，对产奶量的影响是最直接的，不仅会造成产奶量下降，药物治疗带来成本增加和弃奶（使用抗生素治疗的），而且乳房炎具有传染性，会影响到其他泌乳牛群；蹄病作为肢蹄疾病，虽然不会直接影响产奶量，但发病牛只行走出障碍或缓慢，必然会影响其采食量，从而间接影响产奶量，其负面影响也不可小觑。因此，分析泌乳牛乳房炎、蹄病发病后对产奶影响的量化具有一定参考价值，通过量化疾病发病前、后产奶量的变化和恢复情况，从而为牧场重视疾病防控和治疗提供参考依据。

本专题主要对一牧云系统内有产奶量和对应产后发病记录的牛只进行分析，统计了头胎牛、经产牛的主要产后疾病发病次数和治愈天数，以及产后各阶段乳房炎、蹄病发病前、后奶量变化对比，以期量化两个常见疾病对头胎、经产牛产奶量影响和牛只恢复差异对比，从而为牧场精准管理提供参考。

一、数据来源

数据来自一牧云牧场生产管理系统，成母牛疾病发病数据选取2022年1月1日至2023年12月31日，共计1 208 272条；成母牛奶厅产奶数据选取2022年1月1日至12月31日，共计7 767 971条，选取2022年产奶数据是为了保证奶牛产奶数据与疾病发病匹配。

二、成母牛产后不同阶段常见疾病统计及治愈天数

发病数统计分析，数据筛选条件：①剔除产后天数大于360天的牛只；②剔除非疾病数据（如瞎乳区、低产）；③剔除年发病头数小于40头的疾病。

治愈天数分析，数据在以上筛选基础上，筛选治愈天数范围 [1，30] 天。

由表9.13可以看出，2022年、2023年成母牛常见发病主要是乳房炎、消化系统疾病、子宫炎、蹄病、胎衣不下、其他病、乳房疾病、外科疾病［其中主要是滑倒卧地不起（劈叉）］、酮病，尤其乳房炎、消化系统疾病、子宫炎和蹄病占比均超过了10%以上。

表9.13　成母牛产后常见疾病发病数及占比

疾病类型	2022年		2023年	
	发病数（头次）	占比（%）	发病数（头次）	占比（%）
乳房炎	106 999	19.6	119 456	19.7
消化系统疾病	102 554	18.7	114 473	18.9
子宫炎	75 941	13.9	80 673	13.3
蹄病	51 616	9.4	64 646	10.7
胎衣不下	42 479	7.8	46 591	7.7
其他病	38 244	7.0	43 911	7.3

（续表）

疾病类型	2022年		2023年	
	发病数（头次）	占比（%）	发病数（头次）	占比（%）
乳房疾病	22 081	4.0	25 870	4.3
外科疾病	19 242	3.5	21 200	3.5
酮病	16 869	3.1	16 927	2.8
生殖系统疾病	17 494	3.2	16 649	2.8
肺炎	15 578	2.8	16 421	2.7
呼吸系统病	10 377	1.9	12 911	2.1
真胃移位	14 711	2.7	11 224	1.9
产后瘫痪	8 538	1.6	8 927	1.5
其他代谢病	2 624	0.5	3 314	0.5
传染病	1 882	0.3	1 990	0.3
总计	547 229	100.0	605 183	100.0

由表9.14可以看出，2022年、2023年成母牛常见疾病乳房炎平均治愈天数8天左右，消化系统疾病6～7天，子宫炎8.5天左右，蹄病12天左右，胎衣不下7.5天左右，酮病7.5天左右，尤其蹄病治愈天数最长，近12天。

因此，针对乳房炎、蹄病分析不同类型疾病发病后对奶牛产奶量的影响。

表9.14 成母牛产后常见疾病治愈天数统计

疾病类型	2022年				2023年			
	发病数（头次）	平均治愈天数（天）	最小治愈天数（天）	最大治愈天数（天）	发病数（头次）	平均治愈天数（天）	最小治愈天数（天）	最大治愈天数（天）
乳房炎	94 399	8.21	1	30	103 779	7.98	1	30
消化系统疾病	79 154	6.67	1	30	88 426	6.18	1	30

（续表）

疾病类型	2022年				2023年			
	发病数（头次）	平均治愈天数（天）	最小治愈天数（天）	最大治愈天数（天）	发病数（头次）	平均治愈天数（天）	最小治愈天数（天）	最大治愈天数（天）
子宫炎	58 751	8.49	1	30	62 611	8.46	1	30
蹄病	35 300	12.28	1	30	45 544	11.90	1	30
胎衣不下	38 232	7.58	1	30	41 886	7.27	1	30
其他病	24 717	8.43	1	30	26 726	8.07	1	30
乳房疾病	19 779	6.87	1	30	22 565	6.89	1	30
酮病	13 443	7.28	1	30	13 572	7.66	1	30
生殖系统疾病	13 809	7.84	1	30	13 091	7.75	1	30
肺炎	10 600	7.75	1	30	11 498	7.48	1	30
外科疾病	10 309	8.23	1	30	10 945	8.21	1	30
呼吸系统病	8 551	7.10	1	30	10 563	6.65	1	30
真胃移位	10 953	8.06	1	30	7 892	8.33	1	30
产后瘫痪	5 774	5.86	1	30	5 953	5.79	1	30
其他代谢病	1 715	6.54	1	30	2 224	6.08	1	30
传染病	633	7.23	1	28	550	7.10	1	30
总计	426 119	8.08	1	30	467 825	7.89	1	30

三、不同疾病发病后对产奶性能的影响

1. 头胎牛产后乳房炎、蹄病发病对产奶性能的影响分析

由表9.15可知，头胎牛产后蹄病发病对产奶性能影响明显，产后0～240天对该阶段内产奶量影响相差不大，发病牛只产奶量下降210～450千克，产后241～300天发病对该阶段产奶量基本没有影响（可能原因：一是数据量较低；二是该阶段产奶较低，发病对产量影响不大）。

表9.15　头胎牛不同泌乳阶段蹄病发病后对产奶量的影响　　　　单位：千克

泌乳天数分组（天）	发病阶段（天）										健康牛只
	[0, 30]	[31, 60]	[61, 90]	[91, 120]	[121, 150]	[151, 180]	[181, 210]	[211, 240]	[241, 270]	[271, 300]	
[0, 30]	23.3	25.3	25.5	25.3	25.4	24.5	25.0	25.5	26.6	26.4	25.4
[31, 60]	30.0	30.9	32.6	32.5	32.8	32.3	32.9	32.6	33.6	33.2	32.8
[61, 90]	31.7	31.3	31.8	33.5	34.2	33.2	33.9	34.3	34.7	34.7	33.9
[91, 120]	31.9	32.0	31.3	32.2	33.6	33.2	33.7	34.0	34.4	34.7	33.7
[121, 150]	31.6	31.8	31.8	30.8	31.4	32.5	32.8	32.9	33.5	34.2	33.1
[151, 180]	31.2	31.3	31.3	31.3	30.1	30.6	31.4	31.8	32.5	33.5	32.4
[181, 210]	30.6	31.1	30.5	30.5	30.0	29.1	29.2	30.6	31.3	32.4	31.4
[211, 240]	29.7	30.1	29.7	29.7	29.6	28.8	28.2	27.8	28.9	31.0	30.3
[241, 270]	28.5	28.7	28.7	29.1	28.6	27.7	27.2	26.5	26.6	29.5	29.2
[271, 300]	26.9	26.9	27.9	28.0	27.6	26.7	26.4	26.0	24.8	27.0	27.9
300天总奶量	8 858	8 980	9 030	9 086	9 099	8 957	9 020	9 061	9 202	9 500	9 308
与健康牛差值	−450	−329	−278	−222	−210	−351	−289	−247	−106	192	0

注：[0，30]指发病时泌乳天数在30天及以内，[31，60]指发病时泌乳天数在31～60天内，依次类推，健康牛只为无发病分组。

由表9.16可知，头胎牛产后乳房炎发病对产奶性能影响更加明显，产后0～60天发病对该阶段产奶量影响较大，发病牛只产奶量下降1 042～1 082千克，产后61～180天发病影响次之，发病牛只产奶量下降170～572千克，产后181天及以后发病影响不明显。

表9.16　头胎牛不同泌乳阶段乳房炎发病后对产奶量的影响　　单位：千克

泌乳天数分组（天）	发病阶段（天）										健康牛只
	[0,30]	[31,60]	[61,90]	[91,120]	[121,150]	[151,180]	[181,210]	[211,240]	[241,270]	[271,300]	
[0,30]	20.7	23.6	25.5	25.9	26.4	26.8	26.9	26.3	26.9	26.1	25.5
[31,60]	27.0	27.0	31.9	32.6	33.9	34.4	34.8	33.8	35.6	34.5	33.0
[61,90]	29.2	27.5	30.1	33.4	34.7	35.1	35.5	35.1	36.5	35.1	34.1
[91,120]	30.0	29.1	29.7	31.0	34.1	34.7	35.1	35.3	36.2	35.0	33.8
[121,150]	29.9	29.5	30.4	29.9	30.8	33.2	34.0	34.5	35.3	34.5	33.2
[151,180]	29.5	29.4	30.3	30.2	29.7	29.7	32.9	33.7	34.3	33.5	32.5
[181,210]	28.7	28.7	29.8	29.9	29.9	27.7	29.4	32.2	33.2	32.6	31.6
[211,240]	28.0	28.0	29.3	29.7	29.7	27.9	27.7	28.2	31.4	31.1	30.4
[241,270]	26.9	27.5	28.4	28.8	28.8	27.3	27.4	26.2	27.7	30.0	29.3
[271,300]	25.6	26.3	26.9	27.4	27.7	26.8	26.5	26.2	26.1	26.1	28.0
300天总奶量	8 261	8 301	8 771	8 964	9 173	9 109	9 310	9 345	9 699	9 553	9 343
与健康牛差值	−1 082	−1 042	−572	−379	−170	−234	−32	2	357	210	0

2. 经产牛产后乳房炎、蹄病发病对产奶性能的影响分析

由表9.17可知，经产牛产后蹄病发病对产奶性能影响明显，产后0～120天对该阶段内产奶量影响较大，发病牛只产奶量下降292～573千克，产后121～270天发病对该阶段产奶量影响较小，发病牛只产奶量下降41～194千克；产后271～300天发病对该阶段产奶量影响较小。

表9.17　经产牛不同泌乳阶段蹄病发病后对产奶量的影响　　单位：千克

泌乳天数分组（天）	发病阶段（天）										健康牛只
	[0, 30]	[31, 60]	[61, 90]	[91, 120]	[121, 150]	[151, 180]	[181, 210]	[211, 240]	[241, 270]	[271, 300]	
[0, 30]	33.0	35.9	35.4	35.8	37.2	37.2	36.8	36.5	36.4	37.1	36.3
[31, 60]	41.2	42.4	43.5	44.3	45.6	46.2	45.9	45.7	45.6	46.2	45.1
[61, 90]	42.1	42.2	41.5	43.2	44.4	44.8	45.2	45.1	45.2	45.6	44.5
[91, 120]	40.6	41.2	39.1	39.6	41.4	41.7	42.4	42.5	42.8	43.4	42.2
[121, 150]	38.2	39.3	37.9	37.0	37.4	38.8	39.5	39.3	40.2	41.0	39.6
[151, 180]	36.3	37.0	36.5	35.9	35.2	35.4	36.7	36.6	37.7	38.4	37.4
[181, 210]	33.7	34.3	34.1	33.8	34.1	33.0	32.8	33.6	34.8	35.4	34.8
[211, 240]	30.9	31.5	31.0	31.0	32.0	31.2	30.1	29.3	31.1	32.2	32.0
[241, 270]	27.9	28.7	27.9	28.4	29.7	28.7	28.6	27.3	27.5	28.6	29.3
[271, 300]	24.8	25.8	25.1	25.4	27.0	26.4	26.8	25.7	25.4	24.9	26.8

（续表）

泌乳天数分组（天）	发病阶段（天）										健康牛只
	[0, 30]	[31, 60]	[61, 90]	[91, 120]	[121, 150]	[151, 180]	[181, 210]	[211, 240]	[241, 270]	[271, 300]	
300天总奶量	10 466	10 747	10 562	10 631	10 915	10 900	10 941	10 845	10 998	11 182	11 039
与健康牛差值	−573	−292	−477	−409	−124	−139	−98	−194	−41	143	0

由表9.18可知，经产牛产后乳房炎发病对产奶性能影响更加明显，产后0～30天发病对该阶段产奶量影响较大，发病牛只产奶量下降1 156千克，产后31～120天发病影响次之，发病牛只产奶量下降535～696千克，产后121～300天发病影响较低，发病牛只产奶量下降266～483千克。

表9.18　经产牛不同泌乳阶段乳房炎发病后对产奶量的影响　　　单位：千克

泌乳天数分组（天）	发病阶段（天）										健康牛只
	[0, 30]	[31, 60]	[61, 90]	[91, 120]	[121, 150]	[151, 180]	[181, 210]	[211, 240]	[241, 270]	[271, 300]	
[0, 30]	30.7	36.6	36.9	37.0	36.9	36.4	36.7	35.9	35.4	34.5	36.4
[31, 60]	37.9	41.5	45.4	45.7	45.6	45.5	45.9	44.6	44.6	42.9	45.3
[61, 90]	39.3	39.0	41.5	44.8	45.1	45.3	45.5	44.5	44.5	43.0	44.8
[91, 120]	37.9	38.9	37.1	38.8	42.6	43.0	43.2	42.4	42.4	41.2	42.5
[121, 150]	36.2	37.4	36.5	34.8	36.4	39.9	40.5	39.9	40.0	39.3	39.9

（续表）

泌乳天数分组（天）	发病阶段（天）										健康牛只
	[0, 30]	[31, 60]	[61, 90]	[91, 120]	[121, 150]	[151, 180]	[181, 210]	[211, 240]	[241, 270]	[271, 300]	
[151, 180]	34.7	35.6	35.1	34.1	33.0	34.1	37.7	37.9	37.7	37.3	37.6
[181, 210]	32.4	33.4	33.1	32.5	32.2	30.2	32.0	34.8	35.0	34.9	35.0
[211, 240]	29.9	30.8	31.0	30.5	30.5	28.6	28.3	28.7	31.7	32.1	32.2
[241, 270]	27.6	28.1	28.5	28.3	28.1	26.7	27.0	25.6	26.2	29.5	29.5
[271, 300]	25.1	25.7	26.0	25.9	25.8	24.4	24.7	24.1	23.1	24.3	26.9
300天总奶量	9 950	10 410	10 536	10 571	10 686	10 623	10 840	10 749	10 823	10 767	11 106
与健康牛差值	−1 156	−696	−570	−535	−420	−483	−266	−358	−283	−339	0

四、蹄病、乳房炎发病后5～10天产奶量恢复情况

数据筛选条件：①保留产奶量10～80千克；②头胎牛发病天数[85，300]天，经产牛发病天数[56，300]天；③将牛只发病前7天内有奶量记录记为正常奶量，发病后5～10天有奶量记录记为恢复奶量，根据公式发病后奶量恢复比例（%）=恢复奶量÷正常奶量×100，计算奶量恢复比例。

1. 乳房炎发病后5～10天产奶量恢复情况

由图9.18可见，对头胎牛产后85天以后，乳房炎发病后牛只分

析。经过泌乳高峰期后，发病后奶量恢复比例（含超过100%的）在产后各阶段基本稳定83.0%～87.8%，其中发病后奶量恢复比例达80%～100%的占比最多（46.3%），其次是恢复比例达60%～80%（占比22.8%）和恢复比例达100%～200%（占比19.4%）；头胎牛发病后奶量恢复比例（不含超过100%的）在产后各阶段也基本稳定，76.2%～81.6%，其中发病后奶量恢复比例达80%～100%占比最多（57.5），其次是恢复比例达60%～80%（占比28.3%）。

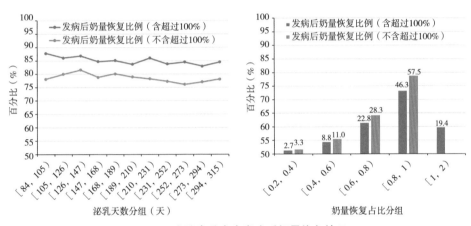

图9.18　头胎牛乳房炎发病后奶量恢复情况

由图9.19可见，对经产牛产后56天以后，乳房炎发病后牛只分析。经过泌乳高峰期后，发病后奶量占发病前奶量比例恢复情况。

结果可看出，经产牛发病后奶量恢复比例（含占比超过100%的）在产后各阶段基本稳定80.6%～83.5%（产后287～308天奶量恢复占比升高89.1%，数据量比较少），其中发病后奶量恢复比例达80%～100%的占比最多（44.8%），其次是恢复比例达60%～80%（占比25.2%）和恢复比例达100%～200%（占比15.9%）；经产牛发病后奶量恢复比例（不含超过100%的）在产后各阶段也基本稳定，75.7%～80.7%，其中发病后奶量恢复比例达80%～100%占比最多（53.2%），其次是恢复比例达60%～80%（占比30.0%）。

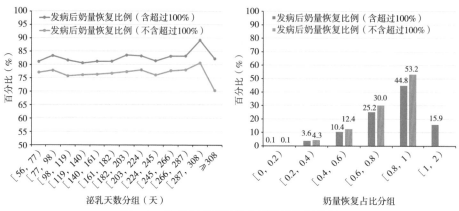

图9.19　经产牛乳房炎发病后奶量恢复情况

2. 蹄病发病后5~10天产奶量恢复情况

对头胎牛产后85天以后，蹄病发病后牛只分析。经过泌乳高峰期后，发病后奶量占发病前奶量比例恢复情况。

由图9.20可见，头胎牛蹄病发病后奶量恢复比例（含占比超过100%的）在产后各阶段基本稳定在91.0%~96.6%，其中发病后奶量恢复比例达80%~100%的占比最多（50.9%），其次是恢复比例达60%~80%（占比13.9%）和恢复比例达100%~200%（占比32.2%）；头胎牛发病后奶量恢复比例（不含超过100%的）在产后各阶段也基本稳定，达82.8%~89.6%，其中发病后奶量恢复比例达80%~100%，占比最多（75.1%），其次是恢复比例达60%~80%（占比20.4%）。

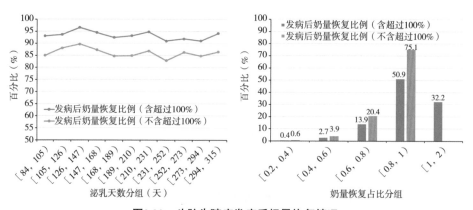

图9.20　头胎牛蹄病发病后奶量恢复情况

对经产牛产后56天以后，蹄病发病的牛只分析。经过泌乳高峰期后，发病后奶量占发病前奶量比例恢复情况。

由图9.21可见，经产牛蹄病发病后奶量恢复比例（含占比超过100%的）在产后各阶段基本稳定在92.0%～94.8%，其中发病后奶量恢复比例达80%～100%的占比最多（59.5%），其次是恢复比例达60%～80%（占比10.7%）和恢复比例达100%～200%（占比27.0%）；经产牛发病后奶量恢复比例（不含超过100%的）在产后各阶段也基本稳定在86.6%～89.3%，其中发病后奶量恢复比例达80%～100%占比最多（81.6%），其次是恢复比例达60%～80%（占比14.7%）。

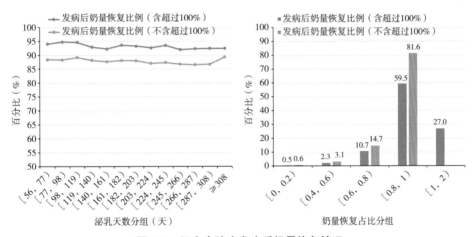

图9.21 经产牛蹄病发病后奶量恢复情况

五、小结

根据2022—2023年成母牛发病数据统计分析和主要疾病乳房炎和蹄病对产奶量的影响分析，发现：

一是2022年、2023年成母牛常见发病主要是乳房炎、消化系统疾病、子宫炎、蹄病、胎衣不下、外科疾病[其中主要是滑倒卧地不起（劈叉）]、酮病，尤其乳房炎、消化系统疾病、子宫炎占比均超过10%以上；其中乳房炎平均治愈天数8天，消化系统疾病6～7天，子宫炎8.5天，蹄病近12天，胎衣不下7.5天，酮病7.5天。

二是对于头胎牛，蹄病发病对产奶性能影响明显，产后0～270天发病牛只奶量下降210～450千克；乳房炎发病对产奶性能影响更加明显，产后0～60天发病牛只奶量下降1 042～1 082千克，产后61～180天发病牛只奶量下降170～572千克。

三是对于经产牛，产后蹄病发病对产奶性能影响明显，产后0～120天发病牛只奶量下降292～573千克；乳房炎发病对产奶性能影响更加明显，产后0～30天发病牛只奶量下降1 156千克，产后31～120天发病牛只奶量下降535～696千克。

四是对头胎牛产后85天及以后发病分析，乳房炎发病后奶量恢复比例在产后各阶段基本稳定在83.0%～87.8%；蹄病发病后奶量恢复比例在产后各阶段基本稳定在91.0%～96.6%。

五是对经产牛产后56天及以后发病分析，乳房炎发病后奶量恢复比例在产后各阶段基本稳定在80.6%～83.5%；蹄病发病后奶量恢复比例在产后各阶段基本稳定在92.0%～94.8%。

因此，为降低泌乳牛产后发病对日产奶量的影响，首先要做好泌乳牛疾病预防，减少疾病发病率，尤其乳房炎和蹄病；其次要提高疾病治愈率，减少治愈天数，以保证泌乳牛在发病后较快地恢复健康，减少产奶量下降，提高日产奶量恢复速度，并尽快恢复发病前80%以上的日产奶量。

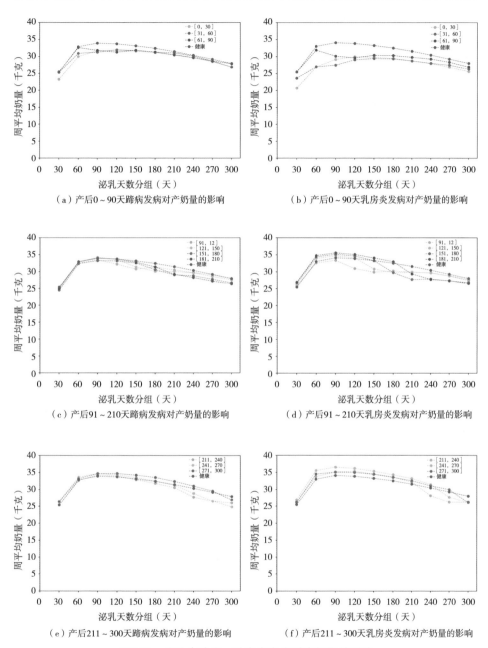

（a）产后0~90天蹄病发病对产奶量的影响

（b）产后0~90天乳房炎发病对产奶量的影响

（c）产后91~210天蹄病发病对产奶量的影响

（d）产后91~210天乳房炎发病对产奶量的影响

（e）产后211~240天蹄病发病对产奶量的影响

（f）产后211~300天乳房炎发病对产奶量的影响

图9.22　头胎牛蹄病、乳房炎发病对产奶量的影响

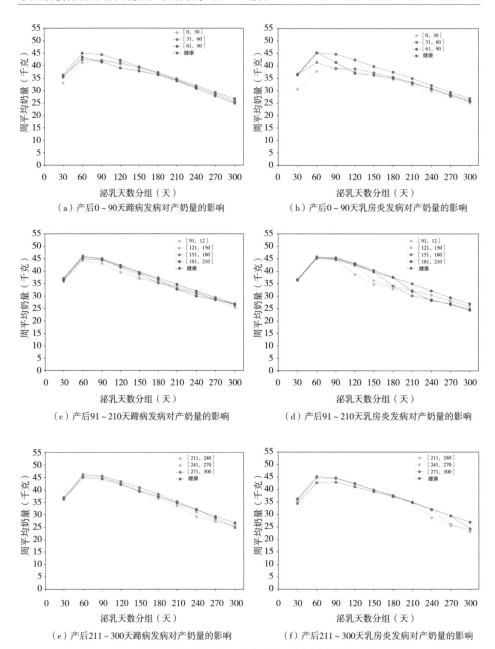

（a）产后0~90天蹄病发病对产奶量的影响

（b）产后0~90天乳房炎发病对产奶量的影响

（c）产后91~210天蹄病发病对产奶量的影响

（d）产后91~210天乳房炎发病对产奶量的影响

（e）产后211~300天蹄病发病对产奶量的影响

（f）产后211~300天乳房炎发病对产奶量的影响

图9.23　经产牛蹄病、乳房炎发病对产奶量的影响

专题四：公牛育种相关指标统计分析

在畜牧业中，有许多因素影响着生产效率，包括遗传育种、饲料营养、管理、疫病防治、销售等，其中品种或种群的遗传素质起主导作用。根据国际权威机构的科学评估，在畜牧生产效率的提高中，家畜遗传育种贡献率最高，约占40%。而中国有句俗话"母牛好，好一窝，公牛好，好一坡"，也印证了种畜的重要性。奶牛这一品种因为畜产品为牛奶，公牛并不表现泌乳性能，所以需要其后代产犊泌乳，进行后裔测定后才能更准确地对公牛进行评估，加上公牛遗传物质可以通过冷冻精液的方式进行生产群体的传播，种公牛的作用不言而喻。因此，对公牛育种相关指标统计的重要性显而易见，一是便于了解在实际生产中公牛的性能和其后代生产性能的表现；二是对比国内、国外公牛的性能差异，为国内育种工作者提供相关参考数据。

本专题主要对一牧云系统内公牛配种数据和女儿繁殖、产奶数据进行分析，统计了近十几年国内、国外公牛的繁殖性能和其后代女儿的繁殖和泌乳性能，并对比了国外公牛育种统计数据，以期对国内、国外公牛在实际生产中的性能表现和后代表现进行量化，从而为牧场查询和对比公牛育种相关指标提供参考，也为国内育种工作者提供相关参考数据。

一、数据来源

数据来自一牧云牧场生产管理系统，公牛配种数据和女儿繁殖、产奶数据自牧场有数据起至2024年2月28日，配种数据共计741万余条，与配母牛产犊难易度数据242万余条，女儿产奶数据共计111万余条，女儿产犊间隔、空怀天数、首次配种天数数据120万余条，女儿初产日龄数据81万余条。

二、公牛配种受胎率统计

数据筛选条件：①能够匹配到标准国内8位公牛号，国外10位冻精号或18位注册号的公牛；②公牛与配母牛≥30头次。

由图9.24、图9.25可见，近十几年国内母牛按出生年份，青年牛配种受胎率稳定在51.7%～59.2%内，成母牛配种受胎率逐年上升，由2010年的34.7%增长到2021年的47.5%（平均每年增长1个百分点）；近20年美国CDCB（美国奶牛育种委员会）统计母牛按出

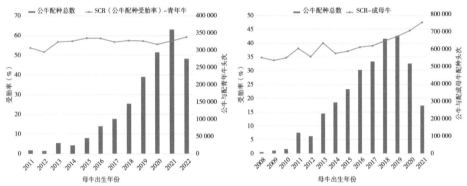

图9.24　随母牛出生年份与配母牛配种头次、受胎率变化趋势图

（注：截至2024年5月16日，该数据未作公牛筛选限制，主要是统计与配母牛配种受胎率随出生年份变化趋势）

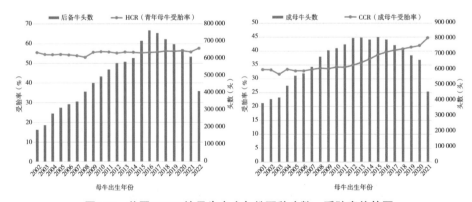

图9.25　美国CDCB按母牛出生年份配种头数、受胎率趋势图

生年份，青年牛配种受胎率稳定在53.1%～57.7%，成母牛配种受胎率逐年上升，由2001年的33.4%增长到2021年的44.8%（平均每年增长0.54个百分点）。

由图9.26可见，近十几年国内配种公牛按出生年份，与配青年牛配种受胎率在57%左右（除2005年较低外），与配成母牛配种受胎率逐年上升，由2008年的37.7%增长到2021年的42.9%。

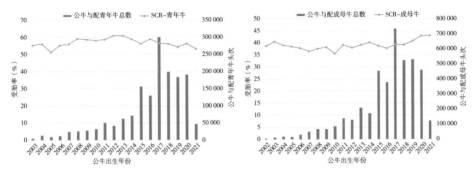

图9.26　随公牛出生年份与配母牛配种头数、受胎率变化趋势

三、公牛女儿繁殖力统计

数据筛选条件：①不同出生年份公牛20头以上；②不同出生年份公牛后代女儿记录数2 800条以上。

由图9.27可见，近十几年按公牛出生年份统计其女儿首次产犊日龄、产后首次配种天数、空怀天数和产犊间隔，公牛女儿首次产犊日龄由公牛出生年份2003年774天（约25.5月龄）下降到2018年的708天（约23.3月龄），下降约2.2月龄；公牛女儿产后首次配种天数稳定在68～72天；公牛女儿产后空怀天数由公牛出生年份2003年122天下降到2018年的100天左右，产犊间隔由400天下降到约370天。

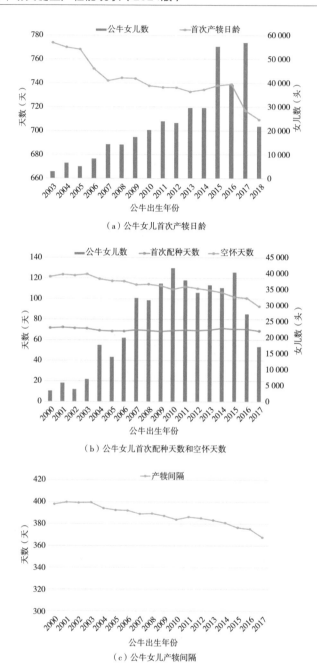

（a）公牛女儿首次产犊日龄

（b）公牛女儿首次配种天数和空怀天数

（c）公牛女儿产犊间隔

图9.27 随公牛出生年份其女儿首次配种天数、空怀天数和产犊间隔变化趋势

由图9.28可见，近十几年按公牛出生年份统计公牛女儿产犊易产性，由2010年前的不到90%，上升到2018年的94%左右；公牛女

儿青年时配种受胎率稳定在52%～60%；公牛女儿成母牛时配种受胎率由公牛出生年份2000年36%左右上升到2018年的46%左右。

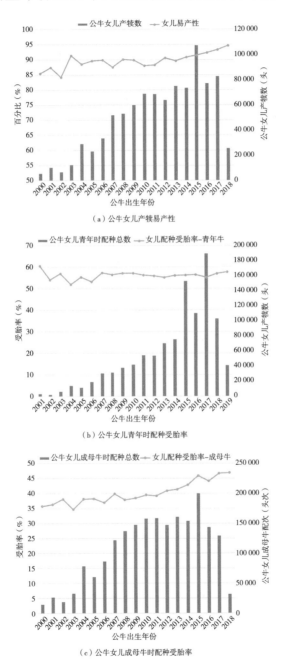

（a）公牛女儿犊易产性

（b）公牛女儿青年时配种受胎率

（c）公牛女儿成母牛时配种受胎率

图9.28　随公牛出生年份公牛女儿产犊易产性及其女儿配种受胎率变化趋势

由表9.19可见，在国内、国外不同出生年份公牛的女儿繁殖指标统计结果中，产犊间隔、空怀天数均呈现明显下降，但首次配种天数基本保持不变，稳定在产后70天左右。

表9.19　国内、国外来源公牛不同出生年份女儿繁殖指标

年份	产犊间隔（天）		空怀天数（天）		首次配种天数（天）		女儿数（头）	
	国内	国外	国内	国外	国内	国外	国内	国外
2000	397	399	121	122	70	73	2 314	1 038
2001	410	396	133	120	72	72	2 342	3 434
2002	402	395	125	119	72	70	2 523	1 338
2003	401	397	125	122	72	69	3 970	3 046
2004	398	391	122	116	69	69	5 272	12 408
2005	392	393	117	118	69	68	2 973	11 010
2006	394	391	119	116	68	69	5 363	14 628
2007	393	386	118	110	71	69	3 027	29 373
2008	392	388	116	113	70	69	5 590	26 138
2009	392	385	117	111	68	68	5 147	31 790
2010	386	384	111	109	70	69	2 212	39 517
2011	387	386	112	112	69	70	2 825	35 084
2012	392	384	114	109	71	69	1 341	32 733
2013	386	383	111	108	71	70	4 090	32 315
2014	388	378	114	103	72	71	9 399	26 186
2015	383	376	108	101	72	70	3 998	36 476
2016	381	374	107	99	71	70	5 023	22 348
2017	371	367	97	92	67	69	1 470	15 671
2018	387	362	111	90	67	68	185	1 002

四、公牛女儿产奶性能统计

数据筛选条件：①不同出生年份公牛12头以上；②不同出生年份公牛后代女儿数1 000条以上（其中公牛女儿头胎高峰奶量500条以上）。

由图9.29可知，按公牛出生年份统计公牛女儿产奶性能，由2010年前的头胎305天奶量不到9 000千克，上升到2017年的9 200千克左右（平均每年增长25千克）；公牛女儿经产305天奶量由公牛出生年份2008年不到10 000千克，上升到2017年的10 500千克左右（平均每年增长约50千克）。

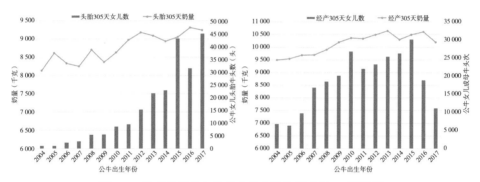

图9.29　随公牛出生年份其女儿头胎和经产时305天奶量

由图9.30可见，近20年美国CDCB统计母牛按出生年份，泌乳牛当胎次305天奶量由2010年的12 214千克上升到2021年的13 207千克（平均每年增长约83千克）。

由图9.31可见，近十几年按公牛出生年份统计公牛女儿产奶性能，公牛女儿头胎高峰奶量基本稳定在40千克左右，头胎高峰泌乳天数基本在70～80天；公牛女儿经产高峰产奶量基本稳定在50千克左右，略有上升，经产高峰泌乳天数基本在60天左右。

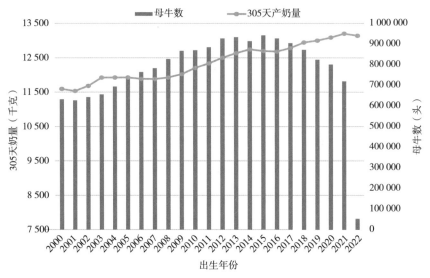

图9.30　美国CDCB按母牛出生年份305天奶量趋势图

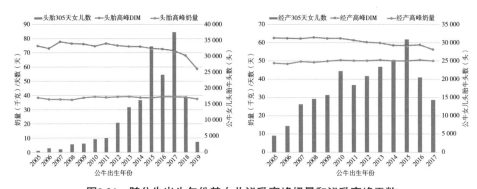

图9.31　随公牛出生年份其女儿泌乳高峰奶量和泌乳高峰天数

五、公牛繁育指标列表

数据筛选条件：选取公牛与配青年牛配种总数200次以上，成母牛配种总数900次以上，各指标均有，且出生年份2013年及以上的牛只，共计19头。

由表9.20至表9.22可知，在国内、国外满足以上筛选统计的公牛数中，国内仅有4头，国外有15头。国内4头公牛繁殖力和其女儿繁殖性能与国外公牛的相当，但公牛女儿产奶性能略低。

表9.20　国内、外公牛繁育指标列表——公牛女儿繁殖性能

地区	出生年份	公牛号	女儿数（头）	首次配种天数（天）	空怀天数（天）	产犊间隔（天）	女儿首次产犊头数（头）	女儿首次产犊日龄（天）	女儿首次产犊月龄（月）	女儿青年牛时配种总数（头）	女儿青年牛时受胎率（%）	女儿成母牛时配种总数（头）	女儿成母牛时受胎率（%）	女儿产犊数（头）	女儿产犊易产性（%）
国内	2013	11113672	553	70	109	384	471	725	23.8	1 031	54.5	2 193	43.3	1 061	91.0
国内	2015	11115621	338	72	116	390	226	709	23.3	500	54.9	1 406	39.4	577	90.8
国内	2013	13313080	118	70	114	387	193	726	23.9	392	52.6	632	46.0	315	90.5
国内	2013	31113669	120	70	98	374	109	716	23.5	202	55.7	476	41.7	241	72.6
国外	2014	HO840M3010353369	118	74	125	398	177	753	24.8	421	49.0	869	41.7	336	64.6
国外	2014	HO840M3010353518	89	70	93	369	93	706	23.2	380	50.0	425	43.0	192	94.8
国外	2013	HO840M3010356026	886	65	97	372	1846	716	23.5	4 028	54.4	5 842	41.8	2 748	89.1
国外	2014	HO840M3010356295	637	68	101	376	447	724	23.8	1 078	49.8	2 725	40.0	1 160	78.4
国外	2015	HO840M3010364844	49	65	101	373	337	748	24.6	1 905	59.4	471	43.5	395	85.1
国外	2013	HO840M3011789392	882	67	98	373	794	719	23.7	1 780	61.2	3 587	46.2	1 769	88.7
国外	2013	HO840M3011816312	505	68	98	373	1 701	713	23.5	4 340	60.1	4 197	44.5	2 301	89.0
国外	2013	HO840M3011816330	1 162	74	118	392	845	705	23.2	1 728	52.2	5 392	40.2	2 385	89.6
国外	2013	HO840M3011816338	558	66	92	366	443	727	23.9	1 267	54.0	1 914	52.4	1 028	91.6
国外	2014	HO840M3012130529	149	72	95	371	191	727	23.9	400	63.3	677	48.3	388	88.7
国外	2013	HO840M3012559665	285	66	104	380	205	724	23.8	415	55.0	1 211	42.8	532	87.8
国外	2013	HO840M3012574967	486	72	95	370	983	710	23.4	2 085	57.0	2 540	49.1	1507	88.6
国外	2013	HO840M3013001460	2 561	77	103	391	898	716	23.5	2 304	58.3	8 623	55.8	5 312	94.6
国外	2015	HO840M3013115112	290	68	102	375	294	771	25.4	681	51.5	1 489	40.3	689	87.1
国外	2016	HO840M3013115150	286	68	102	373	326	719	23.6	688	52.4	1 385	42.8	635	90.6

表9.21　国内、国外公牛繁育指标列表（公牛配种繁殖力）

地区	出生年份	公牛号	公牛与配青年牛配种总数（头）	青年SCR（%）	公牛与配成母牛配种总数（头）	成母牛SCR（%）
国内	2013	11113672	582	53.9	4 568	39.8
国内	2015	11115621	244	55.3	1 795	41.7
国内	2013	13313080	203	48.0	1 164	47.5
国内	2013	31113669	203	52.0	1 190	33.9
国外	2014	HO840M3010353369	333	62.7	2 129	41.0
国外	2014	HO840M3010353518	1 052	57.9	3 620	42.1
国外	2013	HO840M3010356026	1 528	61.1	15 190	39.9
国外	2014	HO840M3010356295	434	49.5	3 725	40.0
国外	2015	HO840M3010364844	4 313	55.8	7 941	37.4
国外	2013	HO840M3011789392	1 444	56.2	5 031	41.7
国外	2013	HO840M3011816312	6 591	59.3	6 816	38.2
国外	2013	HO840M3011816330	2 251	59.8	4 017	41.8
国外	2013	HO840M3011816338	1 035	85.3	1 553	32.5
国外	2014	HO840M3012130529	422	65.6	1 840	39.8
国外	2013	HO840M3012559665	296	81.4	944	39.3
国外	2013	HO840M3012574967	2 529	66.7	2 647	48.1
国外	2013	HO840M3013001460	1 588	56.5	6 345	36.7
国外	2015	HO840M3013115112	315	51.8	2 135	35.6
国外	2016	HO840M3013115150	381	51.6	3 327	35.5

表9.22　国内、国外公牛产奶指标

地区	出生年份	公牛号	头胎305天奶量女儿数（头）	头胎305天奶量（千克）	经产305天奶量女儿数（头）	经产305天奶量（千克）
国内	2013	11113672	340	7 837	418	9 600
国内	2015	11115621	211	9 270	305	11 189
国内	2013	13313080	47	8 223	65	8 965

（续表）

地区	出生年份	公牛号	头胎305天奶量女儿数（头）	头胎305天奶量（千克）	经产305天奶量女儿数（头）	经产305天奶量（千克）
国内	2013	31113669	103	9 346	109	10 621
国外	2014	HO840M3010353369	143	6 898	50	7 444
国外	2014	HO840M3010353518	75	10 254	94	11 824
国外	2013	HO840M3010356026	1 554	10 406	657	11 925
国外	2014	HO840M3010356295	273	9 650	304	11 053
国外	2015	HO840M3010364844	233	9 622	40	10 047
国外	2013	HO840M3011789392	622	9 396	387	10 377
国外	2013	HO840M3011816312	1 459	9 100	406	10 815
国外	2013	HO840M3011816330	1 050	11 302	667	12 155
国外	2013	HO840M3011816338	384	8 525	410	10 530
国外	2014	HO840M3012130529	174	9 703	108	10 293
国外	2013	HO840M3012559665	119	8 167	132	11 638
国外	2013	HO840M3012574967	714	9 446	332	10 405
国外	2013	HO840M3013001460	664	8 459	1 792	10 774
国外	2015	HO840M3013115112	277	8 602	195	9 992
国外	2016	HO840M3013115150	215	9 219	173	9 855

六、小结

根据近十几年公牛育种相关指标公牛繁殖力和公牛后代生产性能的统计分析，发现：

公牛繁殖力上，国内母牛按出生年份统计，青年牛配种受胎率较为稳定（56%左右），成母牛配种受胎率逐年上升，由34.7%增长到47.5%，平均每年增长1个百分点；同样，按照公牛出生年份统计，与配青年牛配种受胎率在57%左右，与配成母牛配种受胎率由2008年的37.7%增长到2021年的42.9%，略有增长。

在公牛女儿繁殖力上，2003—2018年按公牛出生年份统计，公牛女儿首次产犊日龄由774天下降到708天，平均每年下降4天；公牛女儿产后首次配种天数稳定在68～72天；公牛女儿产后空怀天数由122天下降到100天左右，产犊间隔由400天下降到约370天；公牛配种易产性由2010年前的不足90%，上升到2018年的94%左右；公牛女儿青年时配种受胎率稳定在52%～60%；公牛女儿成母牛时配种受胎率由公牛出生年份2000年36%左右上升到2018年的46%左右。

公牛女儿产奶性能上，按公牛出生年份统计公牛女儿产奶性能，由2010年前的头胎305天奶量不到9 000千克，上升到2017年的9 200千克左右，平均每年增长25千克；公牛女儿经产305天奶量由公牛出生年份2008年不到10 000千克，上升到2017年的10 500千克左右，平均每年增长约50千克。

此外，国内、国外公牛育种相关指标表型数据对比，国内满足筛选条件的公牛较少，但国内筛选的公牛繁殖力和其女儿繁殖性能与国外公牛的相当，公牛女儿产奶性能略低。

参考文献

董艳，贾雯晴，王正阳，等，2021. 全球数字农业创新分析及对中国数字农业发展的思考[J]. 农业科技管理，40（6）：10-16.

冯启，张旭，2013. 中国乳企的战略布局与发展思路分析[J]. 乳品与人类（1）：4-19.

李保明，王阳，郑炜超，等，2021. 畜禽养殖智能装备与信息化技术研究进展[J]. 华南农业大学学报，42（6）：18-26.

刘玉芝，李敏，李德林，等，2009. 正确解读和应用DHI数据，提高牛群科学管理水平[C]//中国奶业协会. 中国奶业协会年会论文集2009（上册）.《中国奶牛》编辑部：260-262.

刘仲奎，2014. 规模化牧场管理工作的客观因素对于牧场泌乳牛群生产效益的影响[C]//中国奶业协会. 第五届中国奶业大会论文集.《中国奶牛》编辑部：302-304.

全国畜牧业标准化技术委员会，2018. 后备奶牛饲养技术规范：GB/T 37116—2018[S]. 北京：中国标准出版社.

夏雪，侍啸，柴秀娟，2020. 人工智能驱动智慧奶牛养殖的思考与实践[J]. 中国乳业（8）：5-9.

钟文晶，罗必良，谢琳，2021. 数字农业发展的国际经验及其启示[J]. 改革（5）：64-75.

邹岚，魏传祺，彭博，等，2021. 我国智慧畜牧业发展概况和趋势[J]. 农业工程，11（9）：26-29.

ERB H N, SMITH R D, OLTENACU P A, et al., 1985. Path model of reproductive disorders and performance, milk fever, mastitis, milk yield, and culling in Holstein cows[J]. Journal of Dairy Science, 68（12）: 3337-3349.

KEOWN J F, EVERETT R W, 1986. Effect of days carried calf, days dry, and weight of first calf heifers on yield[J]. Journal of Dairy Science, 69（7）: 1891-1896.

LITTLE W，KAY R M，1979. The effects of rapid rearing and early calving on the subsequent performance of dairy heifers[J]. Animal Science，29（1）：131–142.

PATTERSON D J，et al.，1992. Management considerations in heifer development and puberty[J]. Journal of Animal Science，70（12）：4018–4035.

SEJRSEN K，1978. Mammary development and milk yield in relation to growth rate in dairy and dual-purpose heifers[J]. Acta Agriculturae Scandinavica，28（1）：41–46.

ZANTON G I，HEINRICHS A J，2005. Meta-analysis to assess effect of prepubertal average daily gain of Holstein heifers on first-lactation production[J]. Journal of Dairy Science，88（11）：3860–3867.

附 录

箱线图说明

箱线图也称箱须图、箱形图、盒图，用于反映一组或多组连续型定量数据分布的中心位置和散布范围。箱线图包含数学统计量，不仅能够分析不同类别数据各层次水平差异，还能揭示数据间离散程度、异常值、分布差异等。

箱线图可以用来反映一组或多组连续型定量数据分布的中心位置和散布范围，因形状如箱子而得名。1977年，美国著名数学家John W Tukey首先在他的著作《Exploratory Data Analysis》中介绍了箱线图。

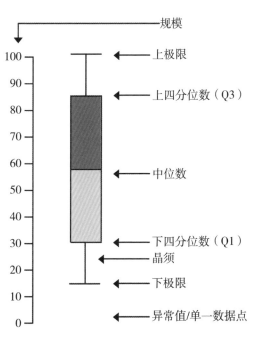

在箱线图中，箱子的中间有一条线，代表了数据的中位数。箱子的上下底分别是数据的上四分位数（Q3）和下四分位数（Q1），这意味着箱体包含了50%的数据。因此，箱子的高度在一定程度上反映了数据的波动程度。上下边缘则代表了该组数据的最大值和最小值。有时候箱子外部会有一些点，可以理解为数据中的"异常值"。

四分位数

一组数据按照从小到大顺序排列后，把该组数据四等分的数，称为四分位数。第一四分位数（Q1）、第二四分位数（Q2，也叫"中位数"）和第三四分位数（Q3）分别等于该样本中所有数值由小到大排列后第25%、第50%和第75%的数字。第三四分位数与第一四分位数的差距又称四分位距（interquartile range，IQR）。

偏态

与正态分布相对，指的是非对称分布的偏斜状态。在统计学上，众数和平均数之差可作为分配偏态的指标之一：如平均数大于众数，称为正偏态（或右偏态）；相反，则称为负偏态（或左偏态）。

箱线图包含的元素虽然有点复杂，但也正因为如此，它拥有许多独特的功能。

1. 直观明了地识别数据批中的异常值

箱线图可以用来观察数据整体的分布情况，利用中位数、上四分位数、下四分位数、上极限（上边界）、下极限（下边界）等统计量来描述数据的整体分布情况。通过计算这些统计量，生成一个箱体图，箱体包含了大部分的正常数据，而在箱体上极限和下极限之外的，就是异常数据。

2. 判断数据的偏态和尾重

对于标准正态分布的大样本，中位数位于上下四分位数的中央，箱线图的方盒关于中位线对称。中位数越偏离上下四分位数的中心位置，分布偏态性越强。异常值集中在较大值一侧，则分布呈现右偏态；异常值集中在较小值一侧，则分布呈现左偏态。

3. 比较多批数据的形状

箱子的上下限，分别是数据的上四分位数和下四分位数。这意味着箱子包含了50%的数据。因此，箱子的宽度在一定程度上反映了数据的波动程度。箱体越扁说明数据越集中，端线（也就是"须"）越短说明数据越集中。凭借着这些"独门绝技"，箱线图在使用场景上也很不一般，最常见的是用于质量管理、人事测评、探索性数据分析等统计分析活动。

致　谢

　　谨此向所有支持和关心一牧云发展的客户、行业领导、顾问和合作伙伴及相关人士表示衷心的感谢！今天所取得的成绩是我们共同努力的成果，没有你们的大力支持也就没有《中国规模化奶牛场关键生产性能现状（2024版）》的成功出版。